安靜是種超能力

寫給內向者的職場進擊指南，話不多，但大家都會聽你說

張瀞仁 著

獻給所有內向者、和所有讓我們內向著長大的一切

國內外好評推薦

內向者可以在不同文化、各種職場上成功，瀞仁（Jill）就是絕佳範例。她這本實用的新書將帶領台灣讀者進入內向者的安靜革命。藉由大量實際案例，瀞仁（Jill）展現內向者如何做自己、發揮特質所長，就能夠在職場中表現亮眼、成為公司的絕佳資產。本書是現代職場安靜戰士們的必讀好書。

——*Susan Cain* **蘇珊・坎恩**（寧靜革命公司創辦人、《安靜，就是力量》作者）

瀞仁（Jill）的書賦予一群安靜、思慮周全，有時候被不公平低估的人自信與陪伴的力量。身為內向者的她，清楚展現內向者可以為職場帶來的非凡優勢與能力。是一本坦率、精彩的書，讓你內在的內向者也能閃耀發光！

——*Dr. Doris Martin* **朵麗絲・梅爾丁**（德國知名企業培訓諮商師、《內向者的成功密碼》作者）

謝謝瀞仁（Jill）把職場中的內向者議題帶到繁體中文市場。希望這本書讓內向者了解並運用自己的天賦，也讓外向者更珍惜內向同事們。

——*Nancy Ancowitz* **南西・安格威茲**（職涯與溝通教練、《*Self-Promotion for Introverts*》作者）

現代職場中，身為內向者通常不是條簡單的路，但這本書可以告訴你如何充滿自信地運用自身優勢，在職場上找到方向。作者工作經驗多元且國際化，她是行銷專家、國際慈善顧問、也是職場導師。她幹練地分享自己同時身為內向者和專業人士的挑戰與成功經驗。你會發現這本書實用而且充滿啟發。

——*Dr. Jennifer B. Kahnweiler* **珍妮芙・凱威樂**（美國知名職場人力開發專家、《用安靜改變世界》作者）

這本書向我們內向者傳遞了重要訊息：我們用自己的方法就可以成功。瀞仁（Jill）運用大量激勵人心的實例與高明的策略，讓這個訊息不只是紙上談兵。

——*Dr. Sylvia Löhken* **希薇亞・洛肯**（德國知名企業講師，《內向者的優勢》作者）

許多內向者在職場上苦拚，因為他們找不到用自己的個性適應辦公室角力、推銷自己的方法。瀞仁（Jill）提供許多實在的策略，幫助內向者用自己的、安靜的方式閃耀。

——*Sophia Dembling* **蘇菲亞・登柏琳**（心理學專欄作家、《*The Introvert's Way*》作者）

我看過許多給職場內向者的職場指南，但瀞仁（Jill）的書與眾不同。她讓成功看起來輕鬆寫意，正因為「自在」就是她想傳達的概念。透過溫和但實用的方法，讀者可以學習脫下應外向社會期望而生的「厚重盔甲」，當個「自在的內向者」。瀞仁（Jill）是管理多國的專業經理人，她就是這種自在成功的最佳範例。本書是無價的工具。

——*Dr. Laurie Helgoe* **羅莉・希格**（臨床心理學家、羅斯大學醫學院助理教授、《*Introvert Power*》作者）

讀瀞仁（Jill）的書就像跟好朋友講話：充滿鼓勵、深具啟發、飽含珍貴的深刻見解。她幫內向者拿起鏡子，讓我們看到自己最好的那一面，並提供幫助內向者發揮所長的豐富建議。她的文字溫暖、幽默、有智慧，透過這本書，你會找到新能量，活出最好的內向自我。

——*Beth Buelow* **貝斯・畢羅**（內向企業家顧問公司創辦人、《*The Introvert Entrepreneur*》作者）

一日午後，我們坐在咖啡廳裡，暢談著對彼此的欣賞。瀞仁送了我一份極有參考價值的出書計畫，以及一顆簽有全體中華隊隊員大名的大顆棒球。

離開咖啡廳，她怕我大包小包不方便趕至下個演講會場，還貼心幫我將簽名球拿到便利商店宅配，只要我帶上她親手寫的一封信。搭計程車前，我在中山北路旁看完這封信，眼眶含著淚，目送她離開，或許吧，這就是內向者的溝通方式，溫暖而有愛。

內向者的文字，像是病中的良藥，舒服且潤喉，不傷腸胃且有療效，這就是瀞仁，誠摯推薦她的文字。

——**謝文憲**（知名講師、作家、主持人）

雙城隊多茲爾的大學球探報告寫他缺乏長打能力，到大聯盟飛球距離也沒有超過平均很多，卻是美聯單季二壘手全壘打記錄保持人。秘密是打擊時他刻意將球拉到左外野邊線，那是到全壘打牆最短的距離。

如同多茲爾在瞭解自己後，將不易改變的特點變成長處——瀞仁的書，就是給內向朋友的，一本打擊秘笈。

——**方祖涵**（運動專欄作家、廣播主持人）

我們都喜歡Google搜尋，但跳出來的一堆搜尋結果往往讓人不知道該如何是好。所以有人想用ＡＩ針對你的需求，直接提供一個精準的答案。以職場來說，前者是滔滔不絕的點子王，後者，就是抱持著「豫則立」處事態度的內向者。在這喧嘩的時代，內向者將受到前所未有的重視。

——**賴以威**（數學作家）

國內外好評推薦 …… 4
前言　我有多內向，說給你聽 …… 14
檢測　內向或外向？ＭＢＴＩ職業性向測驗 …… 18

part 1

內向者的職場進擊之路 …… 27

內向上班族的糾結人生 …… 28

闖進外向文化圈長見識！ …… 33
戰場好像總不利於內向者？

內向加上語言障礙，根本是悲劇 …… 37
內向者不是只有劣勢／用更多努力、更長時間來被看到

職場上，內向、外向大不同 …… 43
個性差異造就的內向、外向特徵／了解內向者的特質

適合內向者的工作有哪些？ …… 53
透過內在思考，找到自己的核心價值與目標／現在的工作適合我嗎？

零壓力的新環境適應法則 …… 62
從交一個朋友開始／利用複習，脫離辦公室內的「臉盲」困境／越清楚自己的需求，

便越容易獲得幫助／說不出漂亮話，但可以透過分享表達想法／比起被動點名，不如充足準備後主動出擊／別怕，大家都一樣

part 2

內向者的人際攻防戰……73

重質不重量的內向者人際關係……74
閒聊得先「準備好」／關於「朋友」，我說的其實是……／難以拓展的工作人際關係／職場是超棒的交友場所

不想面對人際衝突，可是……82
立場不同、意見不合時該怎麼做？／面對面其實沒那麼可怕

甩開他人氣憤、悲傷或情緒化的影響……89
試著抽離，並拉長戰線／分析情況之餘，也要照顧自己的情緒／內向者真的不會生氣嗎？／你可以跟我不熟，但你會相信我

如何優雅地自賣自誇？……99
拉近距離／對成就心存感激／加些自我調侃／「假抱怨，真自誇」只會招來白眼／找個隊友吧！／適度展現幽默／準備簡短的自我廣告詞／一切都是行銷

有效率地使用溝通工具 …… 108
講電話的勇氣／開視訊會議

談判場上的冷靜殺手 …… 116
充滿野心的內向者／目標是征服主將

遠端工作是內向者的王道？ …… 122
集中辦公的溝通效率／你適合遠端工作嗎？／遠端工作的疑慮／常見的遠距溝通方式／沒有完美，只有適合與否的工作方法

給需要頻繁出差的內向者的建議 …… 133
精心分配能量、減少能量消耗／打造可帶著走的舒適圈

跨文化職場中的內向者 …… 138
內外向是互補，而不是對立／擁抱不同文化

將內向的優點表現在工作上 …… 145
內向者面對的職場挑戰／反手拍不行，就把正手拍和速度練到無人能敵

part 3

內向者的社交場合大逆襲 …… 151

運用內向特質，把公開場合變主場……152
精選戰場／做好準備／往前坐、站上台

前進社交活動……157
如何決定要不要去？／秉持正面的心態／預先設立目標／輕鬆駕馭／有效率的追蹤／不要怕！

站上台吧！不會比閒聊更可怕……174
會緊張是正常的／慣例的力量

上台前的準備……183
「被注意」是種優勢／面對每一場不同的觀眾／接受自己的風格

不講話等於沒貢獻？……189
選擇適合的社群平台／用完整深度的文字表達想法／保有私人空間／以策略性達到有效率的使用

話不多，但大家都會聽你說……198
在會議上創造有利於自己的情勢／有意義地刷存在感，被看見才有機會被重視／為下次會議創造戰場優勢

part 4

發揮天賦吧！內向者的自我提升

發揮天賦吧！內向者的自我提升……205

內向者與明星光環……206
影響力不一定來自鎂光燈

我剛剛表現得還可以嗎？……211
大部分人都兼具內向與外向兩種特質／你是「證明自己」，還是「發展自己」？

創造自己「零的領域」……216
刻意安排安靜時間

混搭至上的團隊合作之道……222
了解團隊成員／開誠布公地討論、溝通／彈性設計工作時間與方式／鼓勵內向者發言、鼓勵外向者傾聽

如何與不同性格的人相輔合作？……227
外向者的觀點／內向者的觀點／主管的觀點

內向者的向上管理……237
了解主管的行事與溝通風格

不懂表現、不會邀功怎麼辦？……241

好好準備、對症下藥／設身處地去了解主管的動機和目標／當責態度

內向者適合領導團隊嗎？……251

內向者的獨特領導個性／可以「一秒變外向」的內向者

當個內向好主管……255

創造獨特的內向領袖魅力

沒有人要你變成外向者……261

迷思一：別耍孤僻、凡事說「YES」／迷思二：人人都該跨出舒適圈／迷思三：內向者保守、膽小／迷思四：斜槓世代VS.專準主義／迷思五：演久了就是真的／迷思六：內向者不擅長團隊合作

建立爆棚的自信，不能只是看起來……275

敏銳容易有罪惡感、責備導致羞恥感／找到自己的自信方程式／適度地放下完美主義／跨出第一步／建立自己的有求必應網和優先順序清單／評估自己需要的是能力、練習，還是自信／自我監控只能達到短期效果

後記……284

前言

我有多內向，說給你聽

一個陽光燦爛的夏日午後，我和一群女大學生坐在辦公區的咖啡店裡，空氣中傳來手沖咖啡的香味，大片落地窗看出去是綠意盎然的台北街景，配合上班族忙碌的步伐，充滿活力。

我們坐在這裡是為了一個競賽，通過篩選的學生可以自選有興趣的職業去訪問該行業的「前輩」，這群女生有文組，也有理科的學生，小我十幾歲的她們早早到場，正經八百地等我入座。那一天，我開口的第一句話是：「可以幫我一個忙嗎？妳們不要這麼緊張好不好，這樣搞得我壓力很大。」她們頓時綻開笑容，接著我們一同度過了一段愉快的相談時光。事後閱讀她們充滿溫度的手寫回饋卡片，我很驚訝，她們覺得此行收穫最多居然不是職涯經驗分享或任何關於競賽的事，而是「內向者怎麼面對職場挑戰」，我想，這應該是這本書最初的開始吧！

我是個不折不扣內向者，一走進電梯我一定馬上按關門，免得這〇．〇一秒有其他陌生人進來；洗碗和倒垃圾我永遠都會選前者，因為倒垃圾要出門，很可能會遇到認識的人。這些只是我內向的幾個小例子，若要認真講起，我想可以拍成一部比電影《玩命關頭》系列還長的電影；而內向者的人生也確實像「玩命關頭」般，隨時充滿刺激。

我天秤座的外向弟弟常笑我：「遇到鄰居會怎樣，打個招呼就好了啊，不然就不要理他啊！」外向者無法體會內向者心裡的糾結，就像有大氣層保護的地球是沒辦法體會整天被隕石攻擊的痛苦。社會新聞中常見記者透過鄰居、師長、同事的話來描繪事件主角的樣貌。「如果是我，鄰居一定會說我老是深居簡出，把我形容成一個孤僻、不好相處的人吧！」我總是這樣想，但也沒有太多力氣去管別人的想法了。內向人生就是一部驚悚的恐怖片，外表看起來風調雨順，實際上暗潮洶湧、雷電加交的小劇場可是從沒停過。

然而，從學校到職場，許多時候需要「外向性」，大家都喜歡活潑開朗、見人會熱情打招呼的孩子，嘴甜臉笑馬上有讚美，至於害羞、不開口的小孩會被認為個性孤僻、沒禮貌、教養不好，甚至連爸媽也要遭受壓力。

因為職務需要，幾乎每份工作，我都像在內向者的地獄裡，即便曾經在正式晚宴上，因為壓力太大導致蕁麻疹發作，醫生邊打點滴幫我抑制，邊驚訝從沒見過這麼嚴重的症狀；也曾顧不得路人眼光，在信義區的高級百貨公司旁邊挫折到掉眼淚。不過，職涯前半段，我仍不服輸地想盡辦法，讓自己變成大家都喜歡、一副職場勝利組的模樣。

我想當那種可以隨意跟人稱兄道弟、舌燦蓮花、討人開心的人；我費力打造了一副盔甲，盔甲上焊滿「理想中」的標籤——活潑、開朗、討喜、積極、充滿活力、人見人愛等等。盔甲越來越重，但因它能保護我，而且是大家喜歡的樣子，我總是辛苦地扛著。直到某一回前往馬來西亞旅行，旅程中將蘇珊．坎恩（Susan Cain）的《安靜，就是力量》讀了三遍。在此過程中我必須不時強迫自己中斷閱讀，抬頭深呼吸。書中所言震撼了我——**原來我不是不如別人，而是因為我本來就不是那樣子的人。**

社會上的主流價值通常傾向單一標準，某種長相才漂亮、某種身材才叫辣、達成某種條件才算成功、某種個性叫作正常。我們都在追求成為那種「標準的人」，而忘了自己原本的樣子。

後來，我決定放下旁人覺得很不錯的工作，投入自己感興趣的非營利組織，貢獻於我覺得重要、對台灣有意義的事情，我決定不再隱藏自己的內向，與其千方百計地變外向，我選擇與自己相處，發掘自己的優點，截長補短。

我現在有一套機能性盔甲，輕巧合身，有需要才穿，我甚至可以大方說出：「我是內向者」卻感覺輕鬆又平靜。重要的是，我的工作表現並未因這些改變而受到影響，反而因為我找到了自己的內在動力、發揮專長，而在短期間內升職。可以在國際性組織上班，管理其他國家的事業單位，是我連做夢都沒想到過的。

回想以前的自己，再看到眼前這群女大學生的迷惘與對職場的惶恐，她們說希望和我一樣「充滿勇氣」且「溫柔堅定」，我卻只希望她們認識自己、做好自己，不要跟我一樣，花了這麼多力氣，才找到老天爺一開始就幫我選好的路。

書中許多故事都是我親身經驗，對注重隱私的內向者來說，如此開誠佈公，真的需要很大的勇氣。知道封面會放上我的本名和照片，至今仍然讓我覺得驚悚不已，但如果可以因此幫助到在職場中努力不倦的內向者，或是讓更多人了解內向夥伴的特質，丟臉一點，好像也還好啦！

檢測

內向或外向？MBTI職業性向測驗

凡是在職場上打滾過一段時間的人，都應該能夠深刻體會職場中的第一號法則——要不就是找到適合自己的工作，要不就是把自己變成適合工作的人。

前者透過職業性向測驗和天時地利人和可以達成，後者則有賴正確的方向和努力才可能實現。只是我們也都知道，找到適合自己的工作有時比找到另一半還困難。職缺出現的時機、公司中的政治算計、人脈上的角力，我們能掌握的部分還真不多。

雖然書中也提及內向者適合的工作類型，同時真心希望你會找到合適的工作，但如果還是找不到，也別擔心，大多數的內容焦點是放在「內向者如何在職場上生存？」以及「如何將自己打造成適合工作，至少成為有能力活下來的人？」

所謂適合的工作，或許是像麻省理工學院職涯發展顧問所說的——將能力、興趣、價值各畫出一個大圓，三個圓圈交會之處就是理想的工作；或像連續創業家林明璋提出的三個衡量面向，包括考慮內心的後悔指數、實務工作的快樂指數、與現實世界的生存指數。但事實上，選擇工作時，包括你喜歡的工作方式是較彈性的或是步驟清楚的、通常會先注意細節還是方向，以及你的決策模式等，都與你適合什麼樣的工作有關。

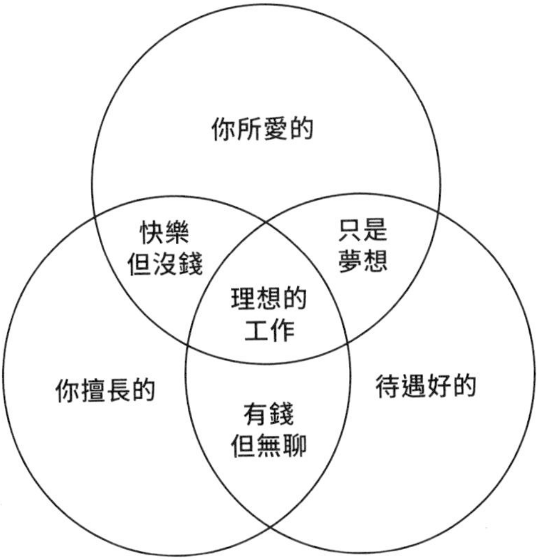

▲我們如何選擇工作

要找到適合的工作，第一步就是要先知道自己適合的選項有哪些。也許你以前面試時也曾做過這項廣受到大企業、教育界、領導者訓練的ＭＢＴＩ職業性向測驗（Myers-Briggs Type Indicator），用於測查、評估和幫助人們改善其行為方式、人際關係、工作績效、團隊合作、領導風格等，是一套以心理學為基礎的工具，透過四個面向、八項指標，將工作者劃分為十六種類型，每種類型都各有特徵。

完整的ＭＢＴＩ測驗在The Myers and Brigs Foundation網站上可以找到，測驗的時間很久，且需付出美金五十元。簡易版測驗只要上網查「ＭＢＴＩ測驗」就可以免費受測[1]，約花二十分鐘，就可以知道自己屬於哪類的工作者。

測驗完成後，你會了解自己所屬的類型（如ＩＳＦＪ），以及每種面向的指標分數。要注意的是，這幾項指標及測驗結果都是相對的傾向，而非絕對的二分法，舉例來說，如果你的結果是百分之八十的「Ｉ」，就表示你百分之八十傾向內向，可能比百分之六十為「Ｉ」的人更內向一點，但這並不表示你是絕對內向（畢竟還有百分之二十的空間呀！）就定義上來說，只要測驗結果出來是Ｉ開頭的類型，都是定義中的內向者。

MBTI的四個面向包含

・內向（I，Introvert） ・外向（E，Extrovert）	即當事人與外界互動方式的偏好，以及從何處獲得能量。
・實感（S，Sensing） ・直覺（N，Intuition）	即當事人獲取資訊的方式，是偏向具體或抽象。
・思考（T，Thinking） ・感覺（F，Feeling）	表示當事人做決策的方式，是偏向理性或感性。
・判斷（J，Judging） ・知覺（P，Perspective）	即當事人喜歡的做事方式是屬於有條理的，如判斷；或是較彈性，如接收各方資訊。

ENTP型人格（辯論家）

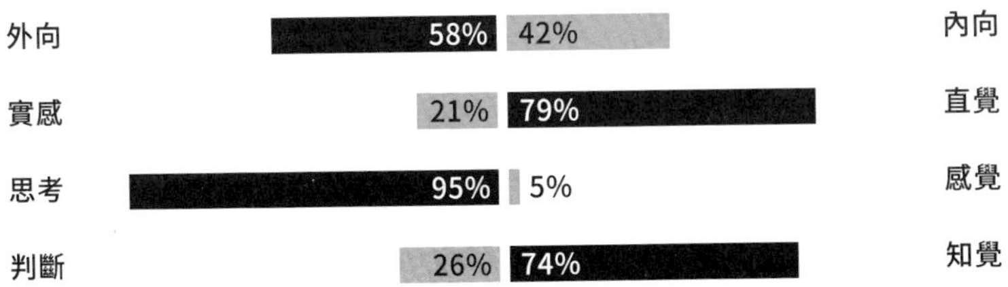

繼續看下去之前，建議你可以先找到自己的類型。如果不方便上網，也可以透過下列的問題，幫助你了解自己究竟是偏向內向或外向。請準備一枝筆和一杯喜歡的飲料，開始做個小測驗。

下列有三十五個問題，請將符合自身狀況的陳述打勾。

□ 1. 談話時，如果對方比較久才有回應，我會容易不耐煩。
□ 2. 我喜歡單獨與人交談勝過同時與很多人交談。
□ 3. 當我跟別人解釋或說明自己的想法時，我會更容易明白自己的想法。
□ 4. 我喜歡自己的四周整齊清潔。
□ 5. 我喜歡「直球對決」，迅速採取行動，而非再三斟酌考慮。
□ 6. 當我精疲力竭時，我只想回家休息。
□ 7. 面對說話速度很快的人，我很容易疲憊。
□ 8. 我有屬於自己的獨特品味。
□ 9. 如果可以，我會避開大量人群。
□ 10. 即使是陌生人，我多半覺得聊天是件輕鬆的事。

□ 11. 處在人群中過久，我常會感到疲憊，甚至不愉快。

□ 12. 當我說話時，其他人多半會好好聆聽。

□ 13. 當有人長時間在家裡作客時，我會期待他們可以幫忙做些事。

□ 14. 執行某個計畫時，我寧可將其安排成數個較小的段落，也不想長時間一次完成。

□ 15. 有時在過頻繁或過吵的談話後，我會精疲力竭。

□ 16. 我不需要很多朋友，因此我很看重真實、可靠的友誼。

□ 17. 我不太會去想別人都在做些什麼。

□ 18. 我覺得睡眠充足很重要。

□ 19. 新的場所和環境會讓我覺得興奮。

□ 20. 突如其來的干擾與出乎意料的狀況會讓我覺得很累。

□ 21. 其他人會覺得我文靜、無聊、有距離感或害羞。

□ 22. 我喜歡觀察，而且會注重細節。

□ 23. 比起書寫，我更喜歡交談。

□ 24. 做決定之前，我多半會充分了解事情的來龍去脈。

□ 25. 對於緊張的人際關係，我往往會過很久才會察覺。

□ 26. 我有敏銳的審美能力。

□ 27. 有時我會找理由不去參加某個活動或社交場合。

□ 28. 我很容易相信別人。

□ 29. 我喜歡思考，並對事物抽絲剝繭。

□ 30. 我盡量避免在眾多人面前發言。

□ 31. 傾聽不是我的長處。

□ 32. 有時他人的期待會給我很大的壓力。

□ 33. 我多半能以運動家風範看待對我個人的言語攻擊。

□ 34. 我很容易感到無聊。

□ 35. 若有特別的事情要慶祝，最好能大規模的熱鬧舉辦，例如讓許多人參與的派對。

完成了嗎？現在請看看你勾選的題數。

內向陳述：2、6、7、9、11、15、16、20、21、22、24、27、29、30、32

外向陳述：1、3、5、10、12、14、17、19、23、25、28、31、33、34、35

與內向、外向無關，只是為了防止你習慣性地回答問題：4、8、13、18、26

如果內向陳述比外向陳述多三個以上，你可能就是內向者；如果內向陳述與外向陳述數量差不多（相差兩個以內），你可能是中性性格者。如果想要進一步探究，可以進行完整的ＭＢＴＩ測驗，取得更詳細的數值。

除了上述兩項測驗外，市面上還有如ＤＩＳＣ個人行為模式測驗、洞察測試（Insights test）等，也可以測驗出內向／外向傾向。不過，本書焦點在於討論職場上的內向者，所以先以分類最細且和職場最有關係的ＭＢＴＩ作為標準。

以我自己為例，我的ＭＢＴＩ類型是ＩＳＦＪ（照顧者），其中，「Ｉ」的分數是百分之九十八！接近傳說中的完全內向。高中聯考過後，我幾乎沒有與滿分這麼接近過了，以這樣的程度來看，「專業的職場內向者」頭銜，我當之無愧！

---

1 —— 建議以最熟悉的語言進行測驗。如果母語是中文的話，選中文測驗即可。

Part 1

內向者的職場進擊之路

內向上班族的糾結人生

舊金山市區，加州夏日傍晚的斜陽正照進現代藝術館旁漂亮茶屋的大片玻璃窗內。

這一天，茶屋被包場，工作人員與侍者忙進忙出地準備接待貴賓，而窗外是造景細緻的公園，園中的花朵綻放飽滿的色彩，幾隻鴿子悠閒地在瀑布邊休息，剛結束一天工作的上班族走過金融區，談笑著討論要去哪家酒吧輕鬆一下，然而，坐在茶屋裡的吉兒卻眉頭緊皺。

吉兒是個跨國組織的主管，但因為生性害羞、容易焦慮，她不喜歡喧嘩的場合，而且害怕成為眾人的目光焦點。雖然吉兒在旁人眼中表現傑出，曾經是哈佛大學每年遴選全球三十位公益領袖訓練的學員之一，但她在進修期間也只與幾位同組學員較為交好而已，每次團體討論超過晚上十點時，她就像燃盡的蠟燭，只想趕快回寢室關起門來休息；訓練營最後一天的公開演說甚至讓她徹夜難眠。

今天也是類似的場合，只是更為盛大隆重，吉兒代表自己的國家參與論壇並演說，以向同場的貴賓、大額投資者、董事爭取更多資源。雖然吉兒緊張到四天以來只睡三小時，但因為緊張產生的腎上腺素還是讓她神經緊繃，彷彿隨時準備要逃跑的羚羊。

賓客逐一進場，看到其他國家代表神色自若地與賓客寒暄、攀談，吉兒實在很想躲到後台或洗手間，等到活動開始再現身。雖然她已經成功說服自己留在會場，但是心緒如麻的狀況並沒有改善。

所有的賓客自成一個個的談話小圈圈，彼此聊開。這些人衣著得體、舉止泰然，談話內容精采又有深度，還帶著適度幽默。吉兒已經熟記他們的姓名和背景，但心裡的小劇場不免又繼續上演——為什麼我會在這裡？我跟他們在一起做什麼？我這麼內向，講話又容易緊張，他們都是有頭有臉的人，一定會馬上看破我這個冒牌貨。吉兒看著其他國家的代表，也不禁暗忖：「如果我是來賓，也想跟她聊天；她這麼優雅健談，服裝、妝容、髮型都好完美，我好想像她一樣。天啊！我到底在這裡做什麼？」想著想著，吉兒決定只要撐過今天，之後所有這類活動一律推掉。她在心裡對自己苦笑一聲：「這種話每年至少講過六十次吧。」

回過頭來說，吉兒自己也算是個稍有經驗的講者，雖然內向，但還是有些很不錯的優點。她會提前準備演講的內容並演練無數次；她天生喜歡聆聽別人說話，而在社交場合中，大家都喜歡用心傾聽、充滿誠意的人；此外，她的聲音柔和，即使演講內容稍強勢，聽眾也不會感覺壓迫，過去也有不少人表示喜歡聽她演講。

想到這裡，吉兒便從逃跑模式切換為戰鬥模式。

「只是另外一場戰鬥而已。」吉兒冷靜下來，看著這觥籌交錯的場合，提醒自己「保留火力，不要攻擊，現在還不是時候」。她挪到執行長旁邊的空位，利用執行長擋掉猛烈的社交砲火攻勢，直到活動正式開始。

演講、論壇依序進行，吉兒灌注所有能量，將自己細心準備的數據展示在來賓眼前，有條有理地講述現況和具體需求。台下的貴賓眼神漸漸熾熱、身體向前傾、時不時地點頭微笑。眼看演講就要順利結束時，一位坐在角落、從頭到尾插著手的男士緩緩舉手，指定吉兒回答問題：「我想直接投資專案，為什麼要透過妳？」面對突來的挑戰，吉兒腦筋一片空白，思索著如何跟其他人一樣大張旗鼓地講效益、價值，或把武器統統展現出來，但後來她只笑了一下，決定用自己的方式，輕柔地將故事說下去——「請想像一下，如果您是一家餐廳老闆，有個客人走進來點一道糖醋雞，但他只想付雞肉的錢，油、鹽、胡椒、醋、彩椒、廚師、餐廳水電等等，他都明說不付。請問老闆，如果是您的話，怎麼出菜？」

現場頓時響起一片笑聲和掌聲。下台後，吉兒身邊圍滿了人，她耐心地一一回答問題。執行長結語時也順著吉兒的故事，再度強調組織的價值。

接下來三個月，吉兒陸陸續續接到通知，演講當天許多貴賓對吉兒負責的區域相當有興趣，甚至介紹其他重要客戶給吉兒。後來才知道，吉兒的故事是讓這場活動成功的轉折，是許多原本態度保守的賓客也都買單的關鍵。

現在的吉兒已經學會如何用溫和安靜的風格來展現自己，大家也不會覺得她太低調，而是說：「這種低調剛剛好，我們不需要鋒芒太露的人。」不需要自吹自擂，也完全沒用到「業務嘴」（事實上，那也不是吉兒的配備之一），吉兒的沉靜不僅獲得投資人的認同，公司也因此多了不少生意，連帶她個人的能見度也提升了。

噢，對了，吉兒就是我。即便我現在還是不敢跟早餐店老闆要回少找的零錢，但職場上卻完全沒問題，同事甚至道出：「只要知道是吉兒在處理的客戶或專案，內心就會有一股無比的平靜與放心。」回顧職涯，從剛開始的挫折到現在，認清自己，好好地、內向地活著算是改變我最大的一件事了。相信我，好好的內向會改變你的職涯，就像它改變我一樣。

闖進外向文化圈長見識！

我在美國的第一份工作，是在學校的運動行銷部實習。

說起美國的大學運動規模，無論是球迷基礎、賽事規劃，甚至觀眾狂熱的程度都絲毫不輸職業運動。大概是因為較少牽涉金錢遊戲或算計，更多的是忠於運動本質的熱血和競爭，就像很多人喜歡看充滿夢想與淚水的甲子園比賽一樣。也因為美國很多地區沒有職業球隊，所以支持校隊就變成當地最重要的事情。舉例來說，每年美國大學NCAA籃球季後賽季，攤開收視率或賭盤，就會發現賽季期間幾乎沒有人看NBA，各大體育新聞版面都在報導大學運動。《勝利之光》（*Friday Night Lights*）、《衝鋒陷陣》（*Remember the Titans*）、《攻無不克》（*When the Game Stands Tall*）等眾多好萊塢運動影迷熟悉的電影拍出那些像世界大賽的比賽，其實不過是高中等級。

到了大學，運動競賽的熱度與競爭又更為提升。我就讀的學校屬於一級學校，等同台灣競賽制度中的甲組，不僅主動提供獎學金爭取優秀選手，也是許多體保生、國手的升學目標，校方也致力於運動行銷，吸引更多當地人進場看校隊比賽，以及增加學校在全美的知名度。至於美國職業運動，則是個規模極大的產業。根據二〇一七年的富比世調查，職業美式足球隊的平均價值是二十三億美金、職業棒球隊是十五億美金，這樣的規模在其他產業已經是很了不起的資產規模。

雖然運動行銷部的實習沒有學分、沒有薪水，工作時間又長又累，但遴選過程仍然活像割喉戰，甚至比我在台灣時參加過的許多面試還要競爭。進入大學的運動行銷部實習，就是進入龐大運動產業金錢體系的第一步，激烈的程度可想而知！回想起來，當時彷彿在參加「超級名模生死鬥」一般，只是和我競爭的不是身材纖細、臉蛋完美的正妹，而是一群肌肉結實、滿臉笑容、氣勢壓人的陽光男孩與女孩們。

戰場好像總不利於內向者？

經過幾輪轟炸機般的面試和一連串訓練，到了正式拍攝工作證照的那天，才終於可以輕鬆地享受身為生存者的喜悅。殊不知隨之而來的，正是第一項考驗。

拍完工作證照，我們在寬敞舒服、充滿早晨陽光的會議室裡坐定後，主管傳下一疊紙，「應該只需要填個基本資料之類吧」我心裡這樣想著，氣氛卻逐漸變得嚴肅凝重，身旁的同事們紛紛殺氣外露，三分鐘後，我才知道這股寒意來自哪裡——問卷上最後一個問題是：「請寫出你最想負責的三種運動，以及為什麼你可以？」

在這長達一年的實習中，選擇運動項目可說是最重要的事，選到好的運動項目可以讓你履歷漂亮、人前風光，也許還有機會被職業球隊網羅；負責行銷冷門的運動項目對很多人來說無疑是浪費時間，倒不如去漢堡王打工，還能有點收入。

關鍵性的一戰首日就揭開序幕，可以發現有些同事顯然準備周全，當下便振筆疾書，描述自己在知名體育台工作的經驗或與球界的關係等種種優點，當然這些內容都是他們事後才告訴我的。而我，從一開始的驚慌失措到經過策略性的計畫和推演，最後總算成功爭取到兩種職業運動——棒球與足球。事實上，棒球運動在每年有六個月下雪的明尼亞波利斯不算熱門，所以競爭者較少，加上我來自棒球運動興盛的台灣，更有競爭優勢；至於能爭取到足球則是因為美國女足比男足熱門許多，行銷對象也以女性為主，身為女性一份子，自然加分。

或許你已經瞧見讓我無比幸運的關鍵——先透過問卷詢問，而不是像《美國好聲音》海選明日之星般一個一個地叫上台。這一戰，我有足夠的時間可以思考對自己有利的策略，不用衝動地投入自己贏面不大的賽局。但老實說，在西方社會，尤其是行銷相關產業，多數時候，戰場都不利於內向者。

譬如萬頭攢動的徵才博覽會，如何擠在狹小的攤位前展現自己的優勢真的很不簡單，這種場合裡恐怕只有吞火把比較能引起注意！許多企業的首輪面試，面試官往往會把所有的面試者都叫進房間裡排排坐，像實境節目一樣搶答，或是只給很短的時間，考驗面試者在有限資訊下的臨場反應。那種情況下，面試官十之八九都較喜歡笑容開朗、嗓音高亢的面試者，他們通常可以在短時間內不加思索地答題，顯得反應敏捷又進入狀況。我也知道，但我就是沒辦法那樣。

內向加上語言障礙，根本是悲劇

美國是典型的外向社會，在運動產業裡更是，不管男女、無論年紀，每個人彷彿隨時都是剛喝完蠻牛的狀態，一走路就會把旁人震飛。開會時總有一堆點子竄入空中，會議室就是個充滿彗星撞擊的小宇宙，我常常連掩護都來不及找，只能努力祈禱不要有人「點」我，或用力想著萬一叫到我時該用什麼藉口不回答，總而言之，我完全不敢加入討論或發表什麼好主意。

除了內向，語言隔閡也是一大障礙。從小在台灣土生土長，剛到美國的我，英文程度是「可以考試，但沒辦法問路」的階段，課堂間「沒問題」是因為老師講話速度都很慢，但課餘時跟同儕相處，他們完全會忽略團體裡有外國人這件事。更別說我待的中西部，白人占極大數，連黑人都很少，我是很多同學、同事生命中第一個遇見的亞洲人，他們真的對我很好，只是會假設我的英文跟他們一樣好。雖然從結果來看，這是好事，因為我被逼得狂練習英文，但在職場上，真的非常艱辛。

在運動行銷部工作時，有一次棒球隊連打兩場比賽，行銷部門得待在球場一整天。待太久了，肚子很餓，又吃膩了貴賓席的食物，幾個同事決定打電話叫披薩外送。我不知道有沒有人叫過外送食物到棒球場（至少我沒有），但回想起來，這完全是在自尋死路。這個球場可以容納四萬多人，有八個入口，就算知道我們所在的媒體室，也不一定能找到路進來，何況是外送！當時，叫披薩這件事被派到猜拳猜輸的外國人身上，對，就是我。這就是一連串悲劇的開始。

身為內向者，我很不喜歡講電話，尤其像叫外賣這類短時間要做很多決策的電話。如果是我自己在家叫披薩，一定是透過網路訂購，不僅不用跟真人用英文短兵相接，還有時間可以考慮要訂什麼口味、什麼套餐比較划算。當時智慧型手機還不普遍，所以我只能拿起手機，在同事們殷殷期盼的眼神下，緊張地撥打外送專線。

「您好！請問需要什麼服務？」聽到電話那頭濃厚的印度口音，我驚呆了，這一片白茫茫的地方，哪來的印度人啦。重點是，他講的英文我完全無法理解！我決定先問他可不可以送到球場裡，如果不行，我就安全下莊，省下後面選披薩的五百個步驟。

「我在Metrodome，可以外送嗎？」

「請問Metrodome在哪，可以給我地址嗎？」對方快速又熱情地回答。

這是在市中心、四萬多人的大球場，說是市區最顯眼的地標也不為過，竟然還問我地址在哪？我發現情況不對，急忙請同事接手。同事解釋一番後掛上電話：「我們還是去吃貴賓室裡的食物吧，他不知道Metrodome在哪！」好險，不是我的問題。

這種因為語言、內向性格造成我腎上腺素激增的場合不計其數，甚至在學校附近過馬路遇到迎面而來的同事，我都只想變成隱形人，因為對方一定會跟我打招呼，我就得要在擦肩而過的瞬間回答他的日常問候。後來，我發現其實很多內向者都和我一樣，原因就在於我們使用大腦的方式不同。

《內向者的秘密生活》[1]一書的作者，心理學家珍・葛雷曼（Jenn Granneman）指出兩個原因：一是內向者傾向深度思考，話在說出口之前，對用字遣詞時都會再三斟酌；二是內向者喜歡使用長期記憶，這些記憶通常比較間接、需要不同的連結，存取長期記憶需要更久時間，大腦運作過程更為繁複。

假設被問到幼稚園的記憶，內向者可能要先看到一雙球鞋，才會想到上幼稚園的第一天打翻牛奶在球鞋上，才能夠連結到幼稚園發生過的事情。對內向者的神經傳導機制來說，即時反應並不是大腦最擅長的項目，若再加上得在不同語言之間翻譯、處理不熟悉的環境資訊，內向者的頭腦常常有種過度負荷的感覺。

內向者不是只有劣勢

在美國的運動產業中，我徹底看到自己的劣勢，甚至覺得有點討厭自己這種彆扭的個性，好像做什麼事情都比人家慢半拍，老是認為應該不會有人想和我當朋友。

但之後再回頭看，困境與挑戰是每個人都會遇到的，「變外向」並不是所有難題的萬用靈丹。相對地，**內向者不是沒有能力，我們只是需要用自己的方式，把這些潛能發揮出來**。外向環境不見得是壞事，找到方法就可以在其中游刃有餘地生存與競爭。

用更多努力、更長時間來被看到

搶破頭競爭的工作、興奮過頭且利益優先的同事、數字定勝負的產業……，幾乎所有內向者在職場上會遭遇到的地獄元素，我在運動行銷部實習時，早就已經被打擊過好幾輪了。

聽起來真的是很淒慘的開始，爾後我卻很慶幸，個人生涯的第一個職場地獄是在二十六歲出現，而不是四十六歲，二十幾歲時的我還能夠用更長時間、更多努力，從地獄慢慢爬出來。我很努力地練習英文，隨時準備好三種以上可以反射性回答「妳今天好嗎？」的標準答案；強迫自己和外國同學、同事吃飯；也透過一對一的方式，慢慢認識球團中的工作人員，並建立關係。實習中途，與當初一起競爭、後來到媒體部工作的同學兼同事重逢，她還一度驚嘆：「天啊，妳的英文變好好，和以前的妳簡直天差地別！」

在那之後，我如願地與職業棒球隊合作，甚至還與一般人見都見不到的球團總裁近身相談了好幾回。從很害怕踏進球場，到跟球評、播報員們熟識。拿到碩士學位的那一天，明尼蘇達雙城隊主場的電子看板上亮起 Congratulations, Jill Chang, on receiving your

Master's degree in Sports Management，現場播報員說出：「恭喜我們的實習生吉兒獲得運動管理碩士學位！」時，全場觀眾為我起立鼓掌，不管我走到媒體室、貴賓席、座位區……每個地方都有人跟我說恭喜，好像我做了一件很了不起的事一樣。我不認識這些人，但他們知道有個亞洲女孩整個球季比賽都最早到、最晚走，並且很努力地想要讓比賽更好玩。

就像美國俗語：殺不死你的會讓你更強壯。我的內向靈魂雖然傷痕累累，但這些都是努力過後的勳章，也是通往更多機會的門票。我那時便想——找到策略、並且堅持的努力下去，即便是內向者，也是可以華麗轉身的吧！

---

1 —— 原文書名為《*The Secret Lives of Introverts: Inside Our Hidden World*》

職場上，內向、外向大不同

職場當然是戰場，是關係到開國產車還是進口車，吃「我家牛排」還是「茹絲葵」的修羅場。這個修羅場上的標準倒也不難發覺，大家都喜歡個性陽光、妙語如珠的同事或下屬，因為他們容易與大家打成一片，看似適合被委以重任；而個性安靜沉穩、話不多的人，多半只能擔任內勤職務。有專業能力的內向者可能會從事專業技術職，不然的話，大部分都是擔任行政工作，無論當事人是否喜歡或擅長。

不同性格的人展現在職場上時，會是什麼樣呢？外向者喜歡熱鬧、動作快、可以很快下決定、願意冒險、追求刺激或快感、喜歡主導、不怕衝突且不愛獨處；內向者通常深思熟慮、只能接受小量刺激、謹慎、喜歡聆聽、迴避衝突，就算獨處也沒關係。

乍看而言，外向者似乎比較吃香，不過在《偏執的勇氣》[1]一書中，是這麼描寫前雅虎執行長瑪莉莎・梅爾（Marissa Mayer）的。梅爾童年時的鋼琴老師談到她的與眾不同：「很多那個年紀的孩子只對自己有興趣，瑪莉莎卻經常觀察別人。高中時，她覺得站在講台上對同學講話比較自在，也在團體中擔任領導者；大學時，同學形容她永遠都在做正事，沒興趣社交。」

瑪莉莎・梅爾是標準的內向者，同時也是觀察者、領導者、全心投入正事的人。我豁然開朗，因為於我而言，這些角色從學生時期就在我身上，直到進入職場多年，仍然是我的一部分。

不管在學校或職場，我最常聽到的評語就是「很乖、很懂事、很成熟、做事很有效率，但是太安靜了」（前面的讚美通常不是重點）。不過跟安靜害羞的路線大相逕庭，我的職涯一直都與行銷相關，行銷對象有人、有觀念、有專案，甚至是整個國家。內向的我必須站出去，與人建立關係，甚至要站在明顯的地方，讓自己被看到、被人家喜歡……每一項都與我本來的個性完全對立。

再告訴你一件事吧！我熟悉臺北各大飯店的洗手間位置，因為那是我出席社交場合時必須去喘息的地方。只要有重要會議或活動，我一定會緊張個三天三夜，遇到會被記錄下來的錄影、錄音、訪問則會焦慮更久。開會時被老闆點到問問題，不管多熟悉答案，腦中都會瞬間空白，總在兩天後才想到該怎麼回答那個問題最完美。

一般人通常會認為我們想太多、神經小條、反應慢、害羞、無法團隊合作，但事實上，內向者只是補充能量的方法與外向者不同，**內向者需要獨處來恢復精力，不像外向者可以利用外在刺激來取得能量**。我在社交場合看過講話像機關槍的內向者、舌燦蓮花的內向者，還有活力源源不絕的內向者，但到頭來，他們在一天工作結束後，都只想穿著睡衣待在家裡看電視或看書呢。

個性差異造就的內向、外向特徵

內外向的差別並不只在職場上，或許從小時候的生活細節就可以清楚分辨：朵拉和奈森是年齡相近的姊弟，有類似的基因、在同樣的生活環境下長大，但個性自幼年起就截然不同。奈森是個活潑的男孩，在任何遊戲場所中總是衝進衝出，可以和不同的人很快打成一片；相較之下，朵拉就顯得內斂許多，當弟弟在遊樂場中間嗨翻時，她會獨自在一旁的沙坑中怡然自得，但玩沙的同時，她仍會不時地注意弟弟的位置，確保他在自己視線範圍內。因為媽媽有交代，所以朵拉總會注意時間，在規定的回家時間前把弟弟叫回來，整理好兩人的物品和服裝後，帶著弟弟準時回到家。

長大後，這對姊弟依然這樣分工，奈森負責所有會讓朵拉害羞的事情，包括炒熱家族聚會的氣氛、發起社交活動、跟店家確認規格及討價還價，還有和鄰居打招呼；而朵拉則負責確保每件事情妥善完成，譬如家族聚會的餐廳、菜單、座位安排、交通方式等，那些奈森起個頭就飄走的事情，朵拉總是安靜地處理完。

從前言的檢測，以及朵拉和奈森這對姊弟的故事，或許你已經發現內向者和外向者之間明顯的特質差異了。

內向者與外向者的特質差異

內向者	外向者
• 透過獨處獲得能量 • 避免成為焦點 • 思考周全後再行動 • 注重隱私，只與少數人分享個人訊息 • 聽多於講 • 不太需要外在刺激 • 思考周全之後才做出回覆，喜歡較慢的步調 • 注重深度勝於廣度 • 容易受干擾 • 偏好書面溝通 • 喜歡、擅長獨立作業 • 表達方式謹慎、字斟句酌 • 重視細節 • 即使在漫長而複雜的決策過程中，仍較容易保持專注	• 從與其他人相處而獲得能量 • 喜歡成為焦點 • 邊行動邊思考 • 會較自由地分享個人訊息 • 講多於聽 • 容易覺得無聊，需要外在刺激 • 快速回覆，喜歡較快的步調 • 注重廣度勝於深度 • 容易分心 • 偏好口頭溝通 • 喜歡在團隊中與他人合作 • 很快說出自己的感覺，表達具渲染力與戲劇效果 • 喜歡不複雜、容易取得的資訊 • 對漫長而複雜的決策過程容易感到疲憊、失去耐心

資料來源：《Do What You Are》，Paul D. Tieger, Barbara Barron, Kelly Tieger著；《內向者的成功密碼》，朵麗絲．梅爾丁著；《Introvert Power》，Laurie Helgoe著；《內向者的優勢》，希薇亞．洛肯著。

其實，內向特質在職場上、生活中到處可見

- 喜歡提早半小時到公司，或晚半小時離開辦公室，因為那個時候「比較安靜，才能好好做事」。
- 在部落格、臉書上的文筆幽默詼諧，但在網聚中或作家見面會時，卻喜歡安靜地待在角落，微笑著聽別人講話，甚至在大家不注意時就提早溜走了。
- 企劃書邏輯清楚、架構完整、旁徵博引，與在會議中被突然點到作答時不知所措的樣子判若兩人。
- 上台簡報時虎虎生風，獲得全場激賞，但被公開讚賞時卻完全講不出話來，活像想刻意否認自己的能力一樣。
- 即使在短時間內審視近百頁的合約書，依然可以找到最細微的錯誤。
- 下班後，比起跟同事一起聚餐、唱歌、喝兩杯，更喜歡窩在家裡安靜地喝茶、看書充電。

- 帶小朋友去公園玩時，與其他父母聊天分享育兒經的時間遠遠少於自己在旁邊看書的時間。
- 在一個社區裡住了十幾年，認識的卻只有一、兩個鄰居。而所謂的認識，也不過是倒垃圾碰到時會打招呼而已。

了解內向者的特質

有人認為內向是天生的，也有人堅信內向可以改變。從科學的觀點來看，目前說法不一，但比較普遍的認知是先天和後天各有影響。黛博拉．強生（Debra Johnson）博士在《美國神經病學期刊》（*American Journal of Psychiatry*）發表其研究，該研究透過正子斷層掃描觀察內向者和外向者的大腦在面對刺激時的傳導和反應。強生博士發現，比起外向者，內向者在面對刺激，譬如被要求回答問題時，有較多的血液流向大腦，顯示其大腦活動較活躍，也有較多血液流往掌管內在、回憶、問題解決、計畫的大腦部分，而這些是較長、較複雜的血流路徑。也就是說，內向者與外向者的大腦天生就不一樣。

加上神經傳導物質（對多巴胺與乙醯膽鹼的敏感與需求程度）、大腦神經傳導路徑（交感神經系統和副交感神經系統哪個較占優勢）、自主神經中樞的機能分析等等，神經分析博士瑪蒂・蘭妮（Marti Olsen Laney）在其著作《內向心理學》[2]中提出結論——**每個人都有內向、外向兩種體系同時運作，差別只是在哪個體系較占優勢、較常使用而已。**

而後天因素，包括成長環境、社會期待、教育方式、家庭與職業需求等，也可能將一個人訓練成更傾向內向或外向。朵麗絲・梅爾丁博士（Doris Martin）在《內向者的成功密碼》[3]一書中即說到：「生理和心理因素交互作用非常複雜。如果三十五歲的你是內向者，沒有人可以明確告訴你，你是一生出來就這樣，還是過去三十五年的生活經驗將你塑造成這樣，或兩者都有。但可以確定的是有些人的基因的確具有內向特質，然而，內向者的成因並不只是因為基因。」

內向者的外顯特質

- 需要較多時間思考、說話時停頓較長（大概正在反覆比對新資訊與過去的經驗及情感記憶）、輕聲細語。

- 講話時，眼神交流不多（因為正專注於找尋正確的詞彙與表達方式）；傾聽時，眼神交流多（因為要吸取資訊）。
- 凡事喜歡預作準備。
- 專注、重視細節。
- 記憶力很好，但需要較長時間恢復記憶。
- 比起透過講解來溝通，透過書寫更能釐清自己的想法。
- 善於反省，有時甚至會過度反省。
- 對長相較不敏感，容易記不住臉。
- 朋友數量較少，但交往程度較深、交情久。
- 在公眾場合和私底下的樣子不太一樣。

這些特質使內向者在職場上擁有其特有的優勢及挑戰，我們將在下章說明。要提醒你的是，即使是分類細緻、廣泛使用的ＭＢＴＩ職業性格測試，也只能把人分為十六類，而人類的心理特質分類絕對不只十六種樣子。本書中所談到的內向或其特質，都是一種概述，無法百分之百套用在每個ＭＢＴＩ分類中Ｉ開頭的人身上。

「因為我內向，所以我會這樣」或「因為我內向，所以我做不到那樣」這種以偏概全的論述不僅危險，而且也會大大限縮發展的可能性。畢竟，這本書最主要的目的在於幫助內向者了解自己，進而找到在職場上發揮淋漓盡致的方法。

---

1 —— 原書名為《*Marissa Mayer and the Fight to Save Yahoo!*》，繁體中文版由天下文化出版

2 —— 原書名為《*The Introvert Advantage: How to Thrive in an Extrovert World*》，繁體中文版由漫遊者文化出版。

3 —— 原書名為《*Leise gewinnt : So verschaffen sich Introvertierte Gehör*》，繁體中文版由平安文化出版。

適合內向者的工作有哪些？

國外有許多內向者社團，其中常出現一些有趣的討論。近日有個話題更是引起熱議，有個大學生在社團中提問：「我是內向者，正在思考未來的職涯選項。請問大家從事什麼樣的工作呢？什麼樣的工作才可以讓我們發揮長處？」

在了解到自己有多內向之後，我也看過不少書、查過不少網路上的建議，試圖找到符合自己天性的工作。二〇一四年，《富比世雜誌》引用求職網站CareerCast發行人湯尼李（Tony Lee）的建議，認為適合內向者的理想工作包括地理學家、檔案管理員、法庭書記官、社群媒體管理人等。還有教育進修網站列出「五十六個最適合內向者的職業」，連未來職缺數和平均年薪都直接刊登出來，例如私廚、私家偵探、時裝設計師、音效工程師、職涯諮詢師等，都是內向者可考慮的工作。

看起來，內向者的就業前途似乎一片大好；但老實說，幫助很有限。一來因為很多職缺台灣市場不大，二則是這些職業未來的職缺數量和薪水對身在台灣的我們而言幾乎沒有參考價值。另外，這些工作有許多都需要專業性，意思就是要花時間取得相關能力或證照，這對於三十多歲才考慮轉職，或已進入職涯中段才決定追求本性工作的人來說，再去進修取得相關能力的時間成本太高。

回到前述那位網友問的問題，大家的回答也是類似的結果。關於內向者適合的工作，網友們最多建議的是工程師、分析師，再來就是一些可遇不可求、或條件嚴苛的工作，例如畫家、作家、服裝設計師、實驗室研究員、圖書館員、保全、貨車司機等。我的文科頭腦遇到數字就當機、毫無藝術天分、顯然也不具備長途開貨車所需的體力，如果全世界真的有三分之一是內向者，這些工作幾乎是不可能落到我身上。

適合內向者的夢幻工作，其實對每個內向者來說都不一樣，記住，內向只是一種傾向，不要把它當作一種條件或限制。找到自己的核心價值與目標，再結合訓練與技能，才有機會接近夢幻工作。

透過內在思考，找到自己的核心價值與目標

對重視內在刺激（意義感）的內向者來說，若真要排列優先順序，核心價值比能力重要，如果你覺得有件事情非做不可，即使需要常常拜訪或打電話給陌生人或許也不是太大的問題。只不過尋找核心價值從來都不是件容易的事，尤其是東方社會中、從小就服膺於「你應該要如何如何」的我們。

我曾經歷過許多不同的產業、嘗試過各種不同的角色。有些工作環境優渥、勝任愉快，我可以拿到相當不錯的薪水、在天龍國市中心上班、出入高檔宴會、下班就逛百貨公司，直到當時的男友默默提醒我：「妳以前不是這麼重視這些的人。」我才驚覺到自己迷失在整個社會的價值觀裡。事後回想起來，那段時間的我就像嗑了藥，充滿感官刺激與體驗，但到頭來卻覺得過那種生活的不是自己，即使如此，我依然充滿感謝，因為這段經歷讓我更了解自己的核心價值。

結合過往經驗，並和許多準備就業或轉職的人聊過後，再總合心理學家羅莉・希格（Laurie Helgoe）和寧靜革命（Quiet Revolution）創辦人、暢銷作家蘇珊・坎恩（Susan

Cain）的建議，我發現思考下列幾項重點，將有助於發掘到適合自己的工作。

適合內向者的職前／轉職思考

・想想小時候的自己喜歡做什麼？

如果小時候夢想當老師，是因為你喜歡分享、喜歡比別人博學的感覺，還是喜歡站在講台上，成為被矚目的焦點？如果小時候夢想開推土機，是因為你喜歡機械、喜歡力量，還是喜歡控制力量的感覺呢？從小時候的夢想出發，有時可以發現一些端倪。

・什麼樣的工作會吸引你？

我念運動管理碩士時，論文題目是「公益對運動行銷的影響」。我對於找公益、慈善相關研究資料樂此不疲，而且真心覺得這件事情會帶來改變。後來在美國州政府工作時，老闆只要發獎勵，我便請他直接將獎金捐給非營利組織，同時也跟老闆說明為什麼我想把錢捐給他們，希望他也了解這件事情的意義。當時的我應該就已經了解自己喜歡非營利組織的工作，只是社會價值的聲音大過我內心的聲音。

‧你羨慕什麼事情？

也許你羨慕超模凱特‧摩絲（Kate Moss）的身材、職業運動員的收入、總統的權力，但你會去追求嗎？有些羨慕只是過眼雲煙，因為不是真的想要。如果動機夠強烈，你就會開始調配飲食健身、接近運動產業或想辦法從政。找到你真正羨慕的事情，那可能就是你真正想做的事。

‧你的天賦是什麼？

什麼事情是你做起來特別不費力或輕輕鬆鬆就能得到讚美，鋼琴家王羽佳小時候學琴時，老師驚訝於她的學習速度，她也只覺得「不是大家都這樣嗎？」多方嘗試，找到自己擅長做、而且喜歡做的事。

在找到夢幻工作的過程中，很少人可以一試就成，甚至可能一輩子都找不到。其實我們都必須先認清——沒有一樣工作是為你量身打造的。在職場上，我們都在想辦法發掘自己的長處，然後利用這項長處謀生；換句話說，重點是要找到**我們可以提供最大價值的工作，而不是一個最舒服的工作**。仔細想想，這其實跟內向或外向沒有關係，如果你有某些才能、某種特質剛好符合某個職位的大部分需求，更幸運一點是你也剛好很喜歡那個工作，那就叫夢幻工作，但更多情況是我們或多或少都必須調整自己去達到工作需求。而且，夢幻工作也可能會變動，初入社會時的理想或目標，或許在工作五到十年後就會調整到你想都沒想過的狀況。就像美國前財政部長桑默思（Larry Summers）向當時擔任他幕僚長的雪柔・桑德柏格（Sheryl Sandberg）所說的：「當有人給你一個可以登上火箭的座位，就直接跳上去，先別管坐哪裡。」現在擔任臉書營運長的雪柔建議：**太精細地規劃職涯將會讓你錯失好機會，因為這些好機會現在還沒有被發明出來。**

許多內向者都想找尋一個可以完全獨立作業的工作，甚至覺得自己只能勝任這類工作，事實上，**獨立作業所需的溝通並不會比較少**，即使是獨立作業的工程師，也需要與同事、其他部門或客戶溝通；總是獨自工作的畫家、作家創作時或許可以享有安靜的時空，然而一旦要辦畫展、宣傳作品，甚至要找贊助時，公開露面或飯局也是少不了；看起來最獨立的SOHO族，不僅要自己開發業務，工作過程中還要與客戶來回討論需求並隨時調整作品，最後或許還要透過一些關係與人脈才能接到下一個案子、成功收款，這還沒說到業務以外的部分，譬如要與他人討論工作內容、處理稅務、會計的問題等。至於保全人員、圖書館職員就更不用說了，你只要在上班時間或放學後走一趟大廳或圖書館辦公區，你或許會覺得當個上班族還比較能夠內向一點。

看到這是不是覺得很沮喪呢？的確有點，但讓人感到欣慰的是：世界上同樣沒有適合外向者的夢幻工作。再厲害的超級業務仍然需要靜下來想策略、寫卡片或看報表；口若懸河的激勵講師，最重要的功夫其實是上台前精心設計課程內容與一再地反覆演練。

以我自己為例，我的工作一直都在連結——連結球團與球員、連結資金與機會、連結供給與需求、連結捐贈者與受贈者，雖然沒有拿過職稱是業務的名片，但某種程度來說我一直都在行銷，無論是有形的人與專案、或無形的機會與效益，我常常像愛管閒事的媒人一樣，把八竿子打不著關係的兩方湊在一起合作。你或許已經察覺到，這表示我在供給、需求方都要開發、牽線，是超級不內向的工作，但透過自己的方式，我存活下來了，並且有人開始問我是怎麼做到的。

我是這麼回答在內向者社團裡面發問的美國大學生：「沒有所謂適合內向者的工作，但是有適合你的工作。找到自己的長處，擁抱身為內向者的自己，你就會找到那種工作。」

現在的工作適合我嗎？

小亞當熱愛大自然，在鄉間長大的他，甚至可以獨自在樹林裡待上好幾天。他對動物充滿好奇，尤其是魚類，只要看到不認識的物種，他總是滿心熱切地尋找相關資料。當其他小朋友沉迷於漫畫書時，他最愛的書是像磚頭一樣厚的魚類圖鑑，被他當作聖經般地背得滾瓜爛熟。隨著年紀增長，他的熱情有增無減，也一路順利成為生物學博士，專攻魚類。

身為可以長時間獨處於大自然中的生物學家，他的職涯就如同他的研究對象，如魚得水。然而，隨著工作資歷增加與職位提高，亞當晉升管理職後，發現到自己坐在電腦前的時間越來越多、待在大自然中的時間越來越少；與人類相處的時間越來越多、和魚類在一起的時間越來越少。最讓他挫折的是，研究生物學的熱情逐漸被他不習慣、不喜歡的事物填滿，他必須花很多時間和政客打交道，讓他們支持生態保育政策，還要花很多精神撰寫企畫書，向贊助者爭取研究經費，同時也要投注心力管理研究團隊。

根據心理學家羅莉．希格（Laurie Helgoe）在《內向者力量》[1]一書中舉出的工作分類，主要分成兩大類：自然而然會做的（Natural Work），與必須做的（Imposed Work）。自然而然會做的事，不只是你的專長所在，也包括你想做的，譬如你喜歡寫東西，即便有時寫作很痛苦，但你還是會去灌溉部落格、每天寫日記；而必須做的事則是你要說服，甚至強迫自己去做的，譬如你不喜歡談判，但為了讓部落格內容能夠集結成書並出版，你還是會跟出版社談條件。

以亞當的工作內容來說，自然而然會做的事包括野外實地考察、做研究，而必須去做的事則是政策溝通、爭取贊助與領導團隊。

在思考「現在的工作適合我嗎？」的同時，或許可以把日常任務分類，看看哪些是自然而然會做的事、哪些是必須去做的事、兩者的比例如何、是否有調整的可能。

回到本書一直強調的觀念——不然就是找到自己適合的工作，要不就把自己變成適合工作的人。如果理想中的夢幻工作不存在，那就把自己變成可以駕馭工作的戰士吧！

1 —— 原文書名為《*Introvert Power*》。

零壓力的新環境適應法則

幾年後再回頭檢視工作經歷，我猛然發現自己的特異功能之一就是能在艱險的工作環境下生存，任何之前人事變動劇烈的位子，換我上任之後都變得風平浪靜。也許，下盤重、椅子坐得穩是平靜的原因，但其實在高忠誠度、高抗壓性的表象之下，背後的原因有部分是——我不想再換新環境，認識新同事了啊！

「哪有這麼恐怖，這種理由太瞎了吧」你可能會這麼想，但請想像一下，內向者到新工作環境必須面對的挑戰。

內向者初到新環境的內心小劇場

・面對新文化、新朋友，壓力很大

我曾在確定錄取之後，潛伏在辦公室附近，觀察同事的穿著風格，以免報到當天的服裝格格不入。尤其內向者對長相較不敏感，當人資帶著我認識新同事時，即使用盡全力，還是記不起大部分人的臉。

・開放的空間，壓力更大

在現代強調開放、透明的辦公空間裡，喜歡在隱蔽空間裡工作的內向者會有著莫名的壓力，大家好像都在忙，卻又像是在觀察你。

・有太多需要考量的細節

影印機怎麼用、咖啡粉放哪裡、膠台上的膠帶用完了去哪領……，對於重視細節的內向者而言，有成千上萬個問題需要答案，但完全無法帶著燦爛的笑容輕鬆問出口。習慣利用獨處獲得能量的內向者，中餐時間想一個人休息充電，又擔心第一天就一個人吃飯，會不會被認為孤僻，如果有同事邀約，更是不能不去。

‧臨時參與會議討論容易緊張

會議發言是最快證明自己有料的方法，但對於凡事希望多準備的內向者而言，當大家都覺得新人沒事應該多參與，才會快點進入狀況，因此臨時被抓去參加許多不同的會議討論時，雖然想發言卻腦中一片空白，以致整天都緊張兮兮的。

不管是搬家、換新工作，甚至移民，每次到新的地方，內向者就得面對這些難題。除非善解人意的外向同事或鄰座拉一把，不然大部分情況，都得靠內向者自己克服。

不喜歡這些難題，並不代表不能戰勝它。歸結內向者面對新環境中的難關，突破點就在於**結交朋友、展現亮眼的工作能力，以及被看到**，完成這三項重點，就等於解決大部分的課題了。

從交一個朋友開始

擔任公司成長總監的內向工作者法伊薩（Faisal Al-Khalidi）在〈內向者到新環境的終極教戰手冊〉一文中，提到適應環境的第一步，就是要改變心態。你其實也是一直這樣訓練自己對吧？每到新班級、新社團、新辦公室時，你都會努力地告訴自己不要害怕主動攀談、不要怕被冷漠拒絕。

對於內向者初來乍到新環境，我會建議無法一下應付人山人海，就先交一個朋友吧！一個就好。保護一下自己的玻璃心，你可以找個看起來最親切、頻率最接近的，以他或她為基礎，慢慢認識其他同事，也學習團隊中的權力結構和所有的眉眉角角。

這麼一說，到新公司似乎沒那麼可怕。

但如果是到人生地不熟的海外工作，內向者又該怎麼辦呢？Conversion Lab網站[1]發起人，隻身旅居新加坡、日本、上海工作的Elsa Ho在專訪中就提到：可多利用網路社群，找到相同工作性質或興趣相同的人。這類活動當然不少，不過同為內向者的Elsa較傾向找單一個人出來聊聊，而不是直接去參加一大群人的活動，單獨接觸對內向者來說更有效率。

法伊薩也提到：透過運動、擔任志工、參加校友會、與鄰居室友交好等方式也能有效擴大交友圈，都有助於在新城市跨出漂亮的第一步。

利用複習，脫離辦公室內的「臉盲」困境

《內向心理學》一書中寫到：「內向者其實對記憶相貌比較不在行」，這點在我身上的確如此。每次看電影時，我那外向的室友都會問：「妳看得出來這個演員是誰嗎？」我絞盡腦汁回想的樣子每每都讓他覺得很有「笑果」。認不得電影明星沒關係，但到了新公司卻認不得同事真的會很窘迫，特別是昨天才剛見過面，今天就忘得一乾二淨。

事實上，不管內向或外向，大部分的人其實都不善於記名字。神經學家研究指出，這是因為大腦中處理專有名詞與其他資訊的方式不同。把相貌與名字兩者連起來，就像

要把兩套系統交叉比對後整合起來一樣，例如「在會議上發言」的人叫「馬克」。

美國商管作家基斯．羅拉格（Keith Rollag）建議可以利用複誦、寫下來、利用照片比對記憶、聯想等方法縮短記憶所需的時間。我的方法則是畫一張辦公室座位表，把名字、長相、特徵等可以幫助記憶的要點寫下來，時常回想，更能快速進入狀況。

越清楚自己的需求，便越容易獲得幫助

紐約大學管理學院副院長伊莉莎白．莫里森（Elizabeth Morrison）的研究指出，新進人員提出的問題越多、越常向外界尋求幫助，績效就越好。但得在新環境中提問，對內向者來說難度比較高，因為內向者通常會較為謹慎地評估許多面向，例如：這件事情適合問誰？會不會太打擾他？他手上是不是有什麼緊急的事要忙？但其實可以在向新同事自我介紹的同時，順便詢問之後若有相關問題是否可以請教他，通常大家都會同意，或是指示可以去找誰。

請注意，提問前越清楚自己的需求，便越容易獲得幫助。比起「請問你知道銷售季報的系統怎麼用嗎？」更好的問法是：「我有跟銷售季報格式相關的問題，大概需要五到十分鐘時間來了解，請問我可以請教哪位呢？」

說不出漂亮話，但可以透過分享表達想法

我就直說吧，內向者真的不是馬上讓人眼睛一亮的那種，好消息是外向的主管其實會知道：我們有料。內向者有善於傾聽的長處，這也是法伊薩扭轉劣勢、建立自信的方法。透過用心傾聽，加上內向者常有的敏銳，通常可以給出很棒的回應，建立有意義而讓人印象深刻的談話。

以我的兩位年輕的女生朋友為例，一位外向活潑，另一位內向安靜。然而每次一起參加社交活動之後，收到邀約的都是內向的那位女生。驚訝吧！外向的女生總認為是內向女生比較會問問題的關係，雖然每次都只能跟一、兩個人講話，但說出口的話語都會讓對方感受到「妳是真的想了解我」。不像外向的人，聊一聊就自己飄走了（笑）。

凡在職場上打滾過一段時間的人都知道，會講漂亮話並不代表可以繳出漂亮成績單。內向者在「講漂亮話」這點上確實比較吃虧，不過暫且相信主管吧，我問過的幾個外向主管都表示，其實他們很感謝團隊中有內向者，因為：「他們比較細心，想得比較深入、看得比較遠。」以及「只要給內向者多點時間，他們會給你超乎想像的驚喜。」

這些主管在江湖上也不是白混的，他們綜觀全局，看得比較清楚。但若要化被動為主動，當然不能一昧地等待主管的善意視線。

創新服務公司Mindjet的副總麥特．查普曼（Matt Chapman）認為**雲端科技工具就是一個讓內向者嶄露頭角的契機**，生在這個時代的我們當然不能錯過。譬如使用商業社群網站LinkedIn拓展專業人脈，就不用一直參加社交活動；利用雲端分享資料、表達意見，就不用擠在吵雜的會議室裡大聲說出自己想法。麥特也說：「內向者透過這些方法，可以用更有效率、更舒服的方式展現創意。的確，二十個人擠在會議室裡齊動腦，提出來的不一定都是最棒、最創新的想法。」

舉例來說，台灣人普遍使用LINE，即使是前輩級的主管也用得很習慣，因此LINE幾乎成為我最主要的溝通方式。過去，總是要在打電話前深呼吸好幾次，現在只要打字就好了，還可以改來改去、加個貼圖，完全不需要深呼吸。若想了解合作對象的喜好、價值觀，再加個臉書好友就能略知一二，連深入交談都不用，溝通的速度是過去的百倍；還可以直接透過文字了解對方。當然，科技永遠只是工具，自己的實力才是先決條件。

比起被動點名，不如充足準備後主動出擊

再好的實力也要被看到，這時候，科技的幫忙就有限了。除了業績這種可以明確量化的指標之外，在我的經驗中，最有效率能被看到的方法，一個是**向上管理**，另一個是在關鍵簡報時漂亮出擊。

我會定期或不定期地和主管約時間，一對一報告工作進度，以及對未來的想法與規劃。這種單獨對談對內向者來講較易於掌握。首先，可以有所準備；第二，不是在眾目睽睽之下；第三，能夠進行深度討論。與我共事過的外向型主管，也很喜歡這種方式，因為他們可以坐下來好好檢視我這個下屬到底做了些什麼。

簡報除了給老闆看之外，通常也會影響同儕如何看你。內向者上台比較容易緊張沒錯，但經過練習和準備也是可以克服的，不需要什麼高深學問或技巧，只要多花時間準備、請幾個朋友幫忙給意見回饋，通常就會有所效果。當然，如果要達到演講等級，又是另外一回事了。

我印象中很深刻的一個例子，是王牌簡報講師王永福在向城邦文化出版集團的何飛鵬社長提案後，奠定成功的關鍵對話，他是這麼說的：

「社長的書對我影響很大，請問您可以幫我簽個名嗎？」

「當然，這本書你最喜歡哪裡呢？」（何社長一派輕鬆地問）

「第○○頁的這個故事（馬上翻到該頁），影響我○○和○○等多方面。」

這個舉動讓何飛鵬社長留下深刻印象，也造就後來兩人的合作，但何社長不知道的是，王永福在家裡已經預習過這題，還練習一次把該頁翻到位。不只是最喜歡的，他連第二喜歡跟第三喜歡的都預備好、事先折好頁，而且每本要給他簽名的書都這麼做。

如果說外向者的舌燦蓮花是大砲，那麼，**內向者的細心冷靜就是狙擊手，低調而有力地從關鍵小事上改變全局**。

別怕，大家都一樣

最近和一個外向的朋友聊天，才意外知道：「太外向也可能變成社交或職場上的障礙，又不是只有你們要練。」聽到這句話時，我大為震驚，怎麼可能？外向者也需要練？是要練什麼呢？朋友反問我：「你沒遇過那種拚命示好、想跟你混熟，但感覺就是太超過的人嗎？」

那一刻起，我才體悟到：「對，不是只有內向者要練，外向者也要練。」在這個社會上，每個人都在社會化，都在練習如何在社會常規下做自己，也練習用自己的方式被別人接受，甚至被喜歡。

所以，別怕。新環境、新朋友、新工作……都沒關係，我們一起練吧。

---

1 —— Conversion Lab網站是由一群對體驗設計抱有熱忱的產業專家於二〇一三年創立。希望藉由優化使用者經驗，進而提升轉換率，為事業與網站帶來巨大成效。

Part 2

內向者的人際攻防戰

重質不重量的內向者人際關係

小時候，有一種遊戲是全班圍成一圈，坐在自己的椅子上，順著固定節奏拍一下手、拍一下桌子，抬左手說自己名字，再抬右手說下一個指定者的名字，被叫到名字的人就要繼續下去。如果有人叫不出名字或跟不上節奏，就要接受處罰。

有那麼一次，我輸得奇慘無比。

其實為了避免受到處罰，遊戲前我已做好萬全準備——早早就想好萬一被點到時要叫誰的名字，並在心中一直默念，免得突然被叫到時，我會傻愣在那裡，畢竟成為全場焦點時，腦袋會強制關機也是內向者的特點之一。剛開始，遊戲進行得很順利，直到我的「暗樁」不知為何開始哭，被老師判定暫時退賽，好巧不巧，她還沒哭完回座，我就被叫到，下意識裡就點了她，那是我第一次輸。接下來，被同學發現我只會點同一個人之後，他們就接連對我發動攻擊，而我就像個壞掉的機器人，只會重複點那個被退賽的同學，然後一直被處罰。

「這也太傻了吧，到底在堅持什麼啊？」你可能會這樣想，但在我的內向設定中，玩這種遊戲，只能點最好的朋友，而我最好的朋友只有一個。

閒聊得先「準備好」

「上班時，妳看到大樓警衛都怎麼辦啊？我每天都超怕對到眼要打招呼。」

「我教妳，先發制人。妳先跟他說大哥早，趁他回妳早安時，快步通過就好了。」

「如果他繼續跟我講話怎麼辦？」

「嗯……這個我還沒辦法突破。」

這是我與一位菁英女生的對話。若不開口，我想不會有人發現能夠創業、帶領新創團隊，業務開發能力超強的她，竟然連大樓警衛都搞不定。

對內向者來說，在沒有準備的情況下與人社交，就像得赤腳踩過地雷區一樣。也許是早餐店老闆的一句「妳今天比較晚喔」，或隔壁夥伴走過來說「妳昨天幹嘛去了，怎麼看起來這麼累？」都會引爆我們心中的小劇場。「天啊！我該說實話嗎？這麼短的時間，我根本想不出怎麼敷衍她，可是我真的不想跟老闆娘承認出門前跟老公吵架啊！現在氣氛已經有點僵了，我再沉默下去，她會不會覺得我很難相處，怎麼辦？快想呀！」

資深一點的內向者如我，有一套對付閒聊的標準作業流程，譬如輕描淡寫地「對呀」，然後迅速飄走。雖然通常會直接讓對話畫下句點，但比起句點，我們更害怕把有限的能量花在警衛、早餐店老闆娘或健身房裡的熱心民眾身上。

但同樣一招用在同事或朋友身上就不行了，有限的生活經驗告訴我們，句點王通常不會有好下場，尤其是在職場上，句點王就等同於手中緊握一張離開核心搖滾區的單程車票。那麼，內向者的功課就變成了**如何讓別人覺得自己很有能力、很有趣，可是不用講太多話。**

關於「朋友」，我說的其實是……

我定義的朋友，或許與一般人的定義有點不一樣。我以前總是很驚訝有人可以把一面之緣的人也稱為「朋友」，或才認識半小時就好得像閨蜜一樣，但漸漸社會化之後，我也發展出好幾種不同定義的朋友。

在職場上或開發業務時，如果說某人是我朋友，那個人可能和我見過面，但沒有太多交集，畢竟職場上的重點是供需、專業、信用，而不是週末是否一起玩樂；私人場合中，如果說我有個朋友要介紹認識，那可能是比較熟悉，或有共同興趣的人，也可能是相談甚歡但認識尚淺的人，為了短時間內解釋我們之間的關係，一律用「朋友」作為代名詞，兩者都是社會化過後的定義。

但對我自己來說，真正的朋友，是指很熟、可以互相信賴、相處起來很沒有太多顧忌，甚至彼此家人都認識、有困難一定會兩肋插刀、互相幫忙，大概就是不講意義，只要講義氣的莫逆之交。對內向者來說，這簡直是直接刷掉五百人的條件，因此在這種定義下，我的朋友很少，搞不好哪天當我淪落天涯、需要金援時，銀行隨機電話行銷問我要不要借錢的人，都比我真正的朋友多。

難以拓展的工作人際關係

朋友少真的沒問題嗎？講好聽點，是精兵政策；其實也就是人單勢孤，剛開始確實不太吃香。朋友多的好處就是資源多，不管要找人一起出去玩、湊咖團購，或分享好的工作、學習機會，只要基數夠大、同個生活圈或同溫層人數夠多，要進行各種連結都會比較快速。

但內向者可能就沒這麼幸運了，想找人一起玩樂得面臨湊不到咖的窘境，或是換工作時，只能透過人力銀行一筆一筆尋找。職場上的困難尤其明顯，老闆會覺得你沒辦法很快跟大家打成一片，搞不好是個孤僻或不合群的傢伙，即便工作表現很好，主動幫忙同事也無濟於事；同事們則是覺得你很有距離，尤其在討論事情時總是直接進入重點，少了開頭的哈拉打屁帶動氣氛，事實上是因為你覺得哈拉打屁比討論正事更傷元氣，總不能一開始就氣力放盡。

無論怎麼吃虧，我仍必須說：在亞洲或北歐職場的內向者，都比在美國的內向者幸運多了，因為文化不同，有些地方比較能接受內向文化；國外甚至有些書籍專門討論日本或北歐等地的內向工作環境。

我所遇過的狀況更嚴峻一些，之前幾份工作是在美國的單位或公司，超級外向的文化讓每天工作都像在從事極限運動，好不容易撐到午休時間，只求一個人安靜吃飯；下班後更是哪都不想去，最好是站在沒有人會跟我講話的露台上，倚著欄杆吹風。

不過好消息是——全世界都慢慢在改變了。有位美國朋友與我分享美國職場上的變化：以前他們說某人很安靜時，多少有些貶意，像是反應很慢、沒有想法、不善於人際來往之類，但現在說一個人很安靜時，就真的只是指：他很安靜。**內向者精緻的交友圈，也因為深入專注地經營，常常有意想不到的效果**。我有個內向者朋友，她朋友雖然不多，但都是十年起跳的交情。而且她細心又重義氣，即使是度蜜月也會記得幫好友們帶小禮物，也因為有這樣深刻的信賴關係作為基礎，她許多職涯上的機會其實都是透過朋友的朋友介紹。為什麼弱連結也願意這樣做？因為每個朋友都願意為她打包票，而現在，**沒有甚麼比信用更珍貴的事了**。

職場是超棒的交友場所

相信你應該聽過「工作後很難結交到好友」的說法。職涯初期，我其實滿認同這個論點，畢竟大家都忙，有家庭的人要擠出社交時間更是困難。我舉辦過好多會議，會後屢屢收到這樣的感謝函，更是感觸良多：「謝謝妳也邀請某某老師，我們約了很久，多虧這次一起出席會議，才有辦法敘舊。」連跟老朋友見面都要喬半天，更何況認識新人、與對方相處、慢慢建立友誼。

也有人說在充滿算計、爾虞我詐的職場上交不到真朋友。套句日劇《使命和正義》的台詞：「敵人會假裝成同伴出現」，我有些外國朋友甚至堅持公私分明，不透露任何家庭或私人訊息給每天相處的同事，下了班就頭也不回地離開，因為「我是來工作，不是來交朋友的」。

職場如戰場，想在戰場上交朋友感覺不太實際，但我這幾年來卻有不同的感受。也在我的內向朋友、數學作家賴以威的臉書上看到他有同樣的感覺。他是這麼說的。

「因為推廣數學或研究合作的關係，我（至少單方面地）覺得交到幾位很好的朋友。因為工作而有聯繫，幾次合作相處下來，漸漸地成為朋友，漸漸談完公事會多閒聊幾句，漸漸閒聊的範圍越來越大，不需要思考這句話該講嗎？是不是占用對方太多時間了？聊完後也會有種放鬆的感覺。這樣因為工作而認識，從硬碰硬的工作中感受到對方為人，知道彼此的個性和價值觀相似。不需要刻意應酬交際，也不曾刻意討好彼此，是在不知不覺間就建立起彼此之間的默契，知道遇到困難時，對方絕對會伸出援手；反過來說，我也願意把對方的事情當作自己的事來處理。偶爾聊聊天的關係，像是古人說的：君子之交淡如水，我覺得是一種很浪漫的大人交友模式。」

看完這段文字，我簡直心有戚戚焉，好巧不巧，認識很久但「宅」度有得拚的我們，最近才正一起討論工作上的事。跟小威一樣，我發現這幾年來結交到的好朋友都是因工作而結緣。正因為職場上資源有限、彼此競爭，所以更容易看出一個人內心信仰的價值；也因為大家事情都多，所以能夠快速地了解彼此對待生命中事物的優先順序；還可能因為**共同承擔困難的任務，不僅能看到對方面對逆境的態度，也建立起革命情感和信任**。而這些，或許都不是在學校、社團、聯誼中可以輕易做到的。小威說：「工作原來是內向者強迫自己走出去的好理由。」我說：「當然啊，不工作我們怎麼交朋友！」

不想面對人際衝突，可是……

艾莉絲在金融業擔任助理顧問，「算了啦」是她內心獨白的口頭禪。她不喜歡和人家意見不一樣，嚴格來說，她害怕別人覺得她與眾不同。艾莉絲老是想「如果我合群，讓大家開心，他們就會喜歡我」或「沒關係，我的意見好像也還好，重點是會議有結論，目標有達成就好」，甚至「我要表現完美，不要拖累別人，不然一定會被討厭」，她總把別人放在自己的前面，也因此在團隊中成為一個沒有意見的人，不僅主管認為她沒什麼想法，同事也覺得她沒什麼存在感。高度同理心和以團隊為重的態度讓艾莉絲從未遭遇什麼職場風波，然而一旦遇到考核或討論責任歸屬時，就會從優點轉變成一場惡夢。

有一回，由於兩個部門間的內部溝通失誤，多收了某客戶一筆費用，偏偏這個客戶是出了名的謹慎，公司透過電腦系統管理各種款項進出，竟然還會發生這樣的差錯，讓對方火冒三丈。艾莉絲平常與這個客戶的關係不錯，她總能為對方設想，客戶對她也很信任，主管更是將維繫該客戶關係的任務交給艾莉絲。但這次面對暴跳如雷的客戶，她完全手足無措，只想找個地方躲起來，和平常圓融又自在的她判若兩人。

好不容易，在主管的協助下安撫好客戶，回到公司，面對內部檢討時又是另一個難關。追根究柢，是其他部門的同事誤會艾莉絲的意思，才會做出錯誤的處理，但艾莉絲不希望同事被記過、自己也不想一肩扛起，所以跨部門對質時，她選擇溫和地說：「也許是我沒有講清楚，才會造成他的誤會。以後我會與他重複確認，避免同樣的事情再發生。」連她自己都這麼說了，艾莉絲的主管完全失去拍桌的籌碼，幸好對方主管也知道自己屬下理虧，因此沒有多說什麼，事情算是和平落幕。但艾莉絲步出會議室，正覺得皆大歡喜、鬆一口氣時，沒想到卻被主管叫進辦公室唸了一頓，「明明是對方的錯，推給他就好了，妳發什麼神經，還主動幫人家扛？當時有電子郵件留存紀錄嗎？沒有！妳這樣遲早會害死妳自己，連我也會被拖下水。」

艾莉絲原以為事情有驚無險地圓滿落幕，沒想到自己的處理方式竟讓主管勃然大怒，她心裡想：「唉，真的沒有讓大家都開心的方法，我在主管面前黑掉了，部門同事也一定不喜歡我了。算了啦，就這樣吧。」

立場不同、意見不合時該怎麼做？

我剛出社會時，也曾遭遇過與艾莉絲類似的狀況。當時，客戶要求客製化的贈品，我與產品部門確認可行後，就請業務答應客戶，沒想到溝通環節有誤，產品部竟說他們根本沒有提供這個選項，眼看就要開天窗。我只是個小企劃，我根本無法處理這種橫跨產品、業務、企劃部之間的衝突，當下只想找地方躲起來。

《高敏感是種天賦》[1]一書中指出，高敏感族群中，七成都是內向者。這群人可以輕易察覺周遭氣氛不對勁，並且會感到不舒服，甚至認為自己也要負起一些責任、做些什麼事，要不然就是逃走。衝突會造成心理上的壓力和生理上的疲勞，對敏感的內向者尤其是，也因此許多內向者會傾向避開衝突，以保留能量。但無論在生活中或職場上，若一直選擇避開，自己能把握的領域終將會越來越小。

面對衝突時可採取的作法

・先離開，但要記得回來

衝突發生的當下，對內向者尤其難受，加上腦中一片混亂，可能也做不出什麼有利的舉動。建議內向者可以先離開衝突現場，或爭取一些時間整理思緒，但要記得回到衝突起點，面對並解決。比如提議：「我們下午再來開會討論這件事，我會通知相關部門的人，也把手上有的資訊整理一下，到時候一起討論。」

・運用同理心傾聽，但不等於同意

不打斷、不插話，用心傾聽對方在意的面向、了解對方的立場，並思考轉圜的餘地，這應該是內向者強大的優勢之一。但也必須提醒：同理心、尊重對方感受，不等於要同意對方看法。

・把握溝通機會

有些內向者不喜歡表達自己的情緒或想法，特別是在高壓力的情況下，他們會在腦中演練話說出口後可能發生的各種情境，越想就越不願意說。但如果當下不開口，很有可能就會錯過溝通的機會。

・放下

內向者是善於思考的人，容易把所有資訊都放進腦袋裡的長期記憶庫，因此要提醒內向者，衝突解決後，就不要再把事情放在心上。就如我是十幾年前發生的職場誤會，時至今日我依然記得當時的感覺，甚至只要知道有人曾與某人發生過衝突，我就再也不敢跟對方說話。這樣的陰影放在心裡，雖然可以記取教訓，但長期累積下來其實也不太健康。

當時的衝突後來出動了三個部門的主管才圓滿落幕，印象深刻的是事情告一段落後，主管把我叫到旁邊說了一句：「辦公室就那麼大，以後有什麼事情，走兩步路過來，直接講。」也是後來才知道，逃避當面講正是內向者在人際溝通上的一項癥結。

面對面其實沒那麼可怕

雖然內向者一向較擅長使用文字溝通，不過有些衝突確實是在電子郵件或即時通訊往來的過程中累積而成。我就曾遇過客戶、專案經理、資訊顧問三方因時差和語言的關係，一直以來都是透過電子郵件溝通。一次公司電腦系統轉換中出了狀況，導致專案經理必須不斷寄信向客戶致歉、溝通，說明造成錯誤可能的原因和未來會採取的防範措施，但客戶顯然不領情、失去耐心，郵件中的語氣充滿不信任、措辭越來越嚴厲。

眼看狀況不對，我趕快插手，直接透過電話以中文向客戶說明與溝通，才發現其實事情不是不能解決，但過程中確實有許多誤會是來自於使用電子郵件，尤其是在有語言與文化隔閡的情況下只用文字溝通。客戶對英文的理解較有限，在沒有肢體動作、表情等其他資訊輔助的情況下，光從不熟悉的外文中無法完全理解對方想要表達的意思或字句中的語氣，因此在閱讀電子郵件感到挫折的同時，就啟動了保衛機制，想的不是要解決問題，反而把焦點放在責任歸屬上頭。

珍妮芙・凱威樂在《幹掉獅群的小綿羊：內向工作人的沉靜競爭力》[2]一書中提到，中學校長麥特・安德伍（Matt Underwood）的管理風格雖標榜「以電子郵件為中心」，但即使如此，他還是堅持只有在傳達基本訊息時，才透過電子郵件，因為「直接站在別人面前，可以傳遞許多透過鍵盤和螢幕所無法表達的事情。」我也親眼看過老闆對某個內向同事大叫：「有什麼事不能當面說嗎？我就在辦公室裡，門隨時開著，妳有時間寫電子郵件，怎麼不直接進來花個五分鐘討論？我看完電子郵件還不是要叫妳進來！」

企業顧問希薇亞・洛肯也建議，無論擔任何種職位內向者，在情況允許的情況下，盡量離開電腦，多在辦公室走動，藉以發揮內向者擅長的一對一長處。尤其對內向主管來說，走動式管理、談話，會比在集體會議上討論能達到更好的溝通效果。

---

1 —— 原書名為《*Highly Sensitive People*》，繁體中文版由三采出版。

2 —— 原書名為《*The Introverted Leader：Building on Your Quiet Strength*》，繁體中文版由三采出版。

甩開他人氣憤、悲傷或情緒化的影響

內向者容易感受到別人情緒，高敏感族群尤是如此。內向者的優點是會察言觀色，從蛛絲馬跡就能做出判斷；缺點則是容易受到影響。我認識的內向者大多講話不大聲，也不喜歡激烈的措辭和言論，溝通時屬於比較和緩、實事求是的類型。但相信你身邊一定有恰恰相反的人——個性急、嗓門大、一根腸子通到底、不管好心情或壞心情都非常明顯。大部分時間，我很喜歡這種人，因為他們爽朗、大方、通常還滿講義氣的。但我很不擅長跟他們「討論」，這是他們的定義，畢竟在我的定義中，那叫爭論或吵架。

有一次，隔壁部門同事S和我部門的同事M互相踩到線，身為M的大主管，我請雙方與主管一同進會議室釐清狀況。才剛踏進會議室，S劈頭便叫罵起來，雖然理當由主管來協調溝通，但我當下完全無法思考，就像面對大量刺激的生理屏蔽機制，腦中只想到趕快找掩護。但會議室哪有地方可躲？我只能站在那邊聽，反正在S連珠炮式的攻擊之下，我也找不到插話的餘地。

由於整段狂吼中充斥了太多情緒，反而不確定S想要表達什麼，等機關槍攻擊告一段落，我才用平緩的語氣，轉頭問S的直屬主管：「請問現在是什麼狀況？」

事後同事跟我說，那句話讓會議室裡的氣氛大轉變，原本是對方高高在上、一逕地怪罪，我的回應卻平緩而堅定地傳達兩個訊息：首先，應該是由主管先出面說明，而非任由同仁叫罵；其次，要抒發情緒沒關係，但我們終究得理性的溝通討論。

其實當時的我根本沒想那麼多，單純只是被對方的大嗓門給鎮住了。但這也讓對方主管知道讓下屬大吵大鬧是行不通的。當溝通方式回到適合我的步調後，我理出整件事情的來龍去脈，包含雙方的誤會，以及誤會對兩個部門業績的影響；也找到癥結點，原來是對電子郵件中的文字敘述解讀不同；最後提出方法與建議，諸如建立團隊間系統化的溝通機制，避免私下商談可能產生的誤解，也算是順利化解衝突了。

面對辦公室裡或職場上的各形各色人種，很多時候，內向者會恨不得把自己的天線砍掉一些，或許就不會受到那麼多的影響。有些人會因此逃避、或無視自己心底的聲音。被《紐約時報》譽為「美國最受歡迎的心靈作家」的艾克哈特・托勒（Eckhart Tolle）就說：「如果你沒辦法感受自己的情緒、把自己跟情緒切割，終會導致身體出問題。」

也有些人會說：「你就是這樣，太溫，別人才會踩在你頭上。人家跟你大小聲，你就吼回去啊，不然活該人家當你是吃素的！」反擊回去的作法聽起來好像行得通，我身邊許多內向朋友也都曾嘗試過要「硬起來」，然而最後都只有反效果，包括隨之而來的罪惡感，總會想著「真不好意思，我不是故意要這麼兇」；以及產生行為和性格不符的壓力，內心吶喊著「我真的是這種人嗎？為什麼我會變成這樣？」吵到最後，發現雙方強調的重點早已不是原本的內容，變成抒發不滿的情緒，也就失去意義了。

試著抽離，並拉長戰線

不需要勉強自己正面迎擊對方的怒火，畢竟這從來不是內向者擅長的事，先冷靜地拉長戰線。沒錯，拉長戰線才是重點。試著用第三方的角度來看，例如「他是我老闆，他現在很怒，但我不知道他為什麼突然發火，他是瘋了嗎？好像本來就有一點。還是哪個白目的同事做了什麼蠢事？該不會是我踩到地雷了吧？」會比較容易釐清局勢。

拉長戰線對內向者而言是相當有幫助的，如果對方連珠炮似地一直罵，不用急著反駁或說明；等對方告一個段落，反而可以幫自己爭取到更多思考的時間。如果戰線不夠長，對方還在氣頭上就要你給答案，就要靠自己爭取時間，比如「對不起，這件事情我現在沒有答案，但我會馬上處理。等一下我就找某部門主管，一起把案子對一次。兩個小時後再跟您報告，您還希望誰也一起與會嗎？」

分析情況之餘，也要照顧自己的情緒

利用爭取到的時間，分析事情的利害關係，另外，也要記得照顧自己的感覺和情緒。我以前有位同事，工作能力很強，老闆很喜歡她長袖善舞的業務能力，甚至會把自己開發的客戶交給她負責，而她確實也游刃有餘。但有一天，老闆突然開始用一些雞毛蒜皮的事找她麻煩，其它人明明連表單忘了寫都沒事，老闆就要挑剔她內部申請表單裡有錯字；或是怪她和某個客戶講電話時間太長，以前講更久老闆還誇她用心經營客戶呢。一開始，同事還開玩笑說老闆應該是更年期，過一陣子就好了；但是這樣的情形越演越烈，老闆常常藉故對她發火，讓她非常不舒服。

她一察覺到狀況不對，便開始分析是否工作或溝通上出了問題。經過一番沙盤推演，她認為的業績表現沒問題，不然老闆會對業績問題開槍；同事也相處友好，可以排除被打小報告的可能性。逐一剔除問題後發現，可能是功高震主的關係，老闆不喜歡鋒頭和人脈都轉到她身上。

冷靜做出判斷之後，她先自問：「哪個問題讓我比較不舒服，是老闆整天發脾氣，還是業務的榮耀不能攬在自己身上？如果離開現在的工作自行創業，我有多少把握？」評估過所有的可能性後，她認為如果要每天被老闆盯這個、挑那個的，她寧可離職；但現實考量下，她覺得自己還不夠格帶著客戶出走。最後，她決定以退為進，先暗示老闆自己可以不用負責這麼多客戶沒關係；其次，不管談成哪筆訂單，第一時間內一定先跟老闆報告，謝謝老闆的指導，甚至說客戶完全是看在老闆的面子上才下單的，就算老闆在內部會議中表揚她時，她還是這麼說。一番調整後，本來每天被電的她，由黑翻紅，重回老闆的愛將名單，而且業績還是掛在她身上。

我事後問她，怎麼知道老闆是不想看到她搶走所有風采，她回答：「老闆自己以前就是超級業務，很少超業會捨得放下這種光環啦」根本就是教科書等級的同理心分析。

內向者真的不會生氣嗎？

很多人都誤會內向者不會生氣，其實是內向者表達生氣的方式比較溫和而已，神經大條一點的人甚至完全不會察覺內向者生氣了。反之，內向者常會覺得別人太容易勃然大怒、講話不夠深思熟慮、讓自己很受傷之類。

回溯生理學家懷特．坎農（Walter Cannon）在一九二九年提出的「戰或逃」機制（fight or flee response），是說明生物在面對威脅時，會激發一系列神經和腺體反應，判斷要奮戰或是逃跑。這項理論也被廣泛應用於很多情境中，內向者在面對大量刺激，諸如負面情緒造成的高壓力時就是這種狀況，可以選擇戰（消滅壓力來源，把發怒的對方打昏）或是逃（遠離壓力，戴上耳機或轉身離開）。

然而，我更喜歡《高敏感是種天賦》作者、心理治療師伊麗絲．桑德（Ilis Sand）提出的方法——在責怪他人和自責之間的中庸之道。採取這種中庸之道，比較接近**留在戰場上，但目標是降低壓力**。

解決問題時，通常兩方會想找出到底是誰的錯，但伊麗絲建議拋棄這種二分法，而把焦點放在讓對方了解自己的想法上。尤其對內向者來說，如果因為不喜歡生氣、爭吵，而總是隱忍自己的想法與感受，長期下來，不僅對人際關係沒有幫助，還可能造成身心疾病。**只談涉及自己的部分，盡量提供中立資訊**或許是不錯的表達方法，例如「我知道你們答應客戶會盡快處理，但整理每份文件約需一個小時的時間，若你們總在下班前才把文件送過來，我將沒辦法當天處理完。」

這樣的表達方式也可以如此「翻譯」：

・我知道你們答應客戶會盡快處理——→善用同理心

・但整理每份文件約需一個小時的時間——→提供中立資訊

・下班前才把文件送過來，沒辦法當天處理完——→表達需求

內向者容易想太多，又不喜歡吵架，的確在某些需要快速應對的場合上容易吃虧。但話說回來，只要立場明確，並且使用自己舒服的方式表達出來，其實也不失為一種風格。畢竟**溝通的重點不僅止於如何表達，更在於如何讓對方完整接受自己的訊息**。

大聲吼叫或捶桌子是一種溝通方式，但對內向者來說，這並不是最有效的；深思熟慮之後，謹慎地提出建議也是一種溝通之道，但對外向者來說，或許早就事過境遷，根本算不上溝通。換個角度想，每個人本來就不一樣，不用強迫內向者變外向，尊重個體之間的差異，找到良好的溝通方式，才是最重要的。

你可以跟我不熟，但你會相信我

或許很多時候，我們關注的焦點都錯了。職場上的人際往來其實大部分建立在利害關係上：雙方熟不熟固然重要，但更重要一點的是你能不能幫他解決問題，包含是否

可以信賴、重大專案可否邀你進團隊、出國度假時是否可以請你代理職務跟重要客戶接洽。有時候這樣的信任關係甚至攸關生死，比如在執行太空任務時，美國太空總署常需要在短期間內，讓來自不同文化的人培養出團隊默契，直到外太空執行高難度任務。

二〇一一年，國際太空站的團隊要執行一項極度精密的任務：從太空站內操作機械手臂，抓住無重力狀態下亂飄的補給船，這個任務的執行難度就像追上一台時速五百公里狂奔的鄰車，並伸手精確地按到那台車上的某個小按鈕一樣。失敗的話，補給船就會撞上太空站。由於任務攸關生死，素昧平生的太空人之間的互信就格外重要。他們在進行太空任務前沒有長時間相處過，更何況其中一個俄國指揮官從頭到尾都不認為女生可以上太空，偏偏團隊中就有女性太空人。

野外領導力訓練專家約翰·坎南蓋特（John Kanengieter）協助美國太空總署訓練團隊時，就是建立「你可以不喜歡我，但重要時刻你可以相信我」的工作關係。工作上的負面情緒與反應，如憤怒、責備等，許多時候都只是因為壓力。觸發每個人壓力的地雷都不一樣，有人無法忍受被動的同事、有人受不了語帶貶意的批評；而這些壓力的在每個人身上的反應也不盡相同，有人會緊張、有人開始找藉口或怪罪別人、有人則開始假裝自己什麼都行。

坎南蓋特會帶領太空團隊進行十一天野外求生訓練，讓要一起執行任務太空人們暴露在極度不熟悉的環境與高度壓力下，觀察他們對壓力觸發點、承受程度、與情緒反應。十一天過後，這群在野外同生共死的太空人便知道彼此的壓力反應，他們或許沒辦法當彼此的好朋友，但卻知道什麼狀況下誰最能派上用場。背負全員性命的任務最後由俄國指揮官跟女性太空人配合，俄國指揮官形容「她操作機械手臂時如入無人之境，砰一下就抓到了。」休士頓基地恭喜他們順利完成任務時，剛執行完絕命任務的俄國指揮官還可以開玩笑說「休士頓，我們沒有問題（Houston, we have no problem.）。」

當內向者面對各式各樣的壓力反應時，比起更情緒化地吼回去，或開始互相指責，其實可以發揮善於分析的長處，試試這樣的解讀：「他大吼是因為覺得我們這個專案可能搞砸，壓力很大。我可以做我擅長的某些部分，同時讓他知道如果我把擅長的部分做好、他也把他擅長的部分做好，我們仍然有超過五成的機會順利解決這件事。」畢竟無論是基層或管理職，被冠上「情緒化」都不會是太好的結果。

如何優雅地自賣自誇？

茶水間裡，幾個同事邊沖泡咖啡，邊討論最近的天氣。小主管突然插話：「我跟你們說，我上個工作常去某某地方出差，那邊的冬天溫度都零下，偏偏老闆只信任我，每次都派我。我發現那邊的人都穿貂皮大衣，真的很保暖耶，我也買了好幾件，有機會你們也應該去買。」

一名同事暗自翻了白眼：「最好是大家都買得起貂皮大衣啦，講得跟發熱衣各大超商均售一樣。」內勤心中也暗暗嘀咕：「對啦，老闆都只派妳去，不就好棒棒。」當下沒人說什麼，但小主管離開後，大家就開始七嘴八舌地討論。長輩會說這種人「只會做事，不會做人」，有人會用「白目」這個詞來形容對方。但說穿了，他們或許只是欠缺恰當的表達方式。

要讓人印象深刻的確不容易（當然，如果你不介意以負面形象示人的話，方法倒是不少）。根據研究，我們所見聞的事情在一天之後只有兩成還會停留在腦海中，換言之若指望在座談會上認識的某位大人物在半年之後還會記得自己，並且不排斥聯繫甚至幫忙你，真的需要兩把刷子。然而，內向者在行銷自己這點上，力道通常較為保守，一方面是因為性格內斂，另一方面是因被褒獎而招致注意反而更容易覺得不好意思。

一位企業家曾告訴我：「如果連自己都不會行銷，如何行銷你的產品或理念？」身為一個常被形容為謙虛、人很好、很客氣的傢伙，我自知從來就不是一個會散發明星魅力的「嗨咖」，直到必須代表新興的非營利組織，需要到處演講、參加社交活動，我才開始硬著頭皮嘗試介紹自己或組織的優點。不幸地，越想立馬吸引別人注意，或越是期望自己能夠突破重圍、獲得青睞，突槌的狀況就越容易發生——太用力就容易「over」，好幾次在回家路上檢討自己的表現，總認定對方把我看做是個驕傲的混蛋（掩面哭）。

過猶不及，我們越努力想突顯自己的能力與成就，獲得人家的信任與尊重，卻忘了**讓聽者愉悅地接受才是溝通的重點**。其實，被討厭與讓人印象深刻只有一線之隔，差別在於如何彰顯自己的成就。

拉近距離

如何避免讓人家覺得你很高傲，關鍵就在於展現自我成就的同時，也要讓對方覺得你和大家其實是差不多的。就如我認識的一位作家，年紀雖輕，但每本書都叫好又叫座，相對於自詡每本書都大賣的成就，她更常說：「趕稿根本是地獄！那段時間我每天被編輯追殺，黑眼圈超重，還搞到連我媽的生日都不能去。」大家或多或少都有被時間追著跑的經驗，她這樣一說，聽者馬上就能夠感同身受：「雖然當個暢銷作家很厲害，但原來她也跟我差不多呀！」

與人聊自己擁有什麼與眾不同的經驗時，順道補上內心的感受或轉移焦點也是博取對方認同的技巧，例如「那時候，我正在辦某某的世界巡迴演唱會，票房超好，可是我每天只能睡不到三小時，累爆了」或「某某藝人真的很好耶，工作認真，但私底下很親切，常請我們吃宵夜」，這樣說可以將自己的成就與背後的辛苦連結，聽者也會感覺到：「好厲害喔，某某很要求完美呢，你們很辛苦吧？」而不是「那你很了不起嘛，這樣賺很多嗎？」

對成就心存感激

我有個朋友在美國金融界位居要職，除了年輕時差點打進大聯盟之外，他也在非洲創辦孤兒之家，還著作出書。他待人和善、樂於付出，我還真的沒看過討厭他的人。

因為對自己的成就相當引以為豪，他常不吝惜地拿出手機秀出張張傳奇照片，與大家分享他的成就，然後在大家大表讚嘆的同時，他則表現出「這一切真的太神奇了對吧，我自己也不敢相信」的模樣。

「幸運」是一種常見的說法，事實上效果也不錯。同樣都是有錢人，巴菲特說：「我很幸運，在合適的時間來到合適的地方，幸運地待在一個報酬如此豐厚的市場經濟當中。」感覺是不是就比用鈔票疊成牆的土豪，嘴巴裡說著：「沒什麼，這是我女兒的嫁妝」好多了。

加些自我調侃

美國律師作家約翰．科爾科蘭（John Corcoran）在二十出頭就進入白宮，擔任柯林頓前總統的文膽，這個位置一般都是由政治經歷豐富的人所擔當。他每次在跟別人講述這段了不起的成就時，他總會加句「反正其他人不想寫的就丟給我」或「我是二軍啦，重要的演講當然不會輪到我」這樣講之後，聽者通常就會卸下心防，產生深刻印象的同時，也不覺得他高高在上、遙不可及，接著就開始問：「哇，所以你認識陸文斯基嗎？」這種八卦。

自我調侃尤其適用於大眾心裡會暗暗覺得「你憑什麼啊？」的人，我專訪過一位年輕貌美的女校長，她跟我說：「不要叫我校長啦，學校裡面就是大家互相幫忙，會做的就做。馬桶壞掉，如果我會修，就是我去啊！」親和感瞬間加兩百分。

「假抱怨，真自誇」只會招來白眼

臉書上常會見到「演講一場一場來，我要到什麼時候才能休息啊！」或「好煩喔，這個週末不練不行了，下禮拜要跟莎拉波娃打球耶！」的心情表述，通常這類披著抱怨外衣的精心吹噓，更容易造成觀者的不舒服。

這種話如果當面講，只會加強負面效果。在社交媒體上，要不直接讓照片說明一切，要不正面地表現出興奮、期待，例如「哇！下禮拜可以親眼看到莎拉波娃耶」，過多的糖衣裝飾反而容易讓人覺得假仙。這樣情況如果是當面講，還是可以讓自己聽起來沒那麼臭屁——「我覺得這個慈善活動很有意義，所以就找了朋友一起來幫忙。」與「拜託，我也是捐了五百萬才有這個機會的！」聽起來，你比較想打誰？

找個隊友吧！

在重要的社交場合中，有時單打獨鬥不如群策群力。不是說要把整個團隊都烙到現場，而是如果身邊有個人能幫你說好話，效果絕對會更強。看過電影《實習大叔》嗎？如果只有一個人應徵的話，或許效果就不會這麼好了。知名行銷顧問作家克拉克（Dorie Clark）就建議：「先準備幾個可以跟自己互相誇獎的口袋人選，重要場合就約個夥伴一起去吧！」吹噓自己的成就可能會讓對方感覺不舒服，但透過第三者的嘴巴，一切可就容易接受多了。像唱雙簧一樣，你也要幫忙拉抬這個夥伴，不然我保證你的搭檔名單很快就會用完了。

適度展現幽默

幽默可以加強印象，而不讓對方覺得你在自吹自擂，可是尺度很難拿捏，我知道。如果剛好跟名人搭上關係，那就是發揮的好機會，例如名片剛好發完，你可以這麼說：「對不起，我的名片剛好沒了，但上面只寫了幾行字——我叫某某某，暢銷作家某某的弟弟」反正名氣比不過哥哥，不妨就直接利用他吧。

假設你是個服裝設計師，在講到自己的成就時，可以這麼說：「我從小就喜歡幫娃娃穿衣服，現在只是換成幫大一點的娃娃穿而已」我也聽聞有位科技業大前輩在業界、社團無人不知，但如果換個產業，認識他的人可能就沒那麼多，但他也從沒介意過，自我介紹時會說：「我叫某某某，對，就跟那個歌星同名同姓，不過我比較年輕一點，而且我在科技業。」

準備簡短的自我廣告詞

在初次見面的團體場合，主持人或講師常會請大家花一分鐘簡短地自我介紹。一聽到要自我介紹，你是不是就開始緊張了？一直想著等下要講什麼，最後不僅沒介紹好自己，連別人的介紹也沒聽清楚。

領導力教練兼作家佩姬（Peggy Klaus）建議，不妨準備幾個版本的自我介紹文，以便不時之需，內容務必簡短但要令人印象深刻，就像電梯簡報（elevator pitch）在短短三十秒內清楚說明自己的概念。如「我開美式餐廳，去年我們在台北、台中、墾丁總共開了四家分店，明年我希望再多開一點，因為看到客人的笑容真的讓我很開心。」如何，聽起來沒那麼討厭吧？

一切都是行銷

從創始初期就協助蘋果、英特爾、微軟行銷，被譽為「矽谷最強公關」的雷基斯・麥肯納（Regis McKenna）說過：「行銷就是一切，什麼都是行銷。」的確，在這個什麼都講求行銷的世界，對很多人來說，尤其是展現自己的豐功偉業是職場上的必修課程。然而要從小被教導「無使名過實、曖曖內含光」的我們如何「適當地」表現，就是一門需要靈巧拿捏的藝術了。

下次在一股腦兒表現自己輝煌戰績的同時，請記得回頭看看對方的表情與回應，或許上述幾種方法會有派上用場的時候。

有效率地使用溝通工具

我在美國州政府工作時，每年夏天都有實習生到辦公室實習，他們大多是抱持高度理想的大學生，家庭及教育背景多半也都很不錯，對國際貿易、國際關係、外交相關領域更是展現強烈的熱忱。

其中，有位實習生讓我印象深刻，她是個安靜貼心的華裔女生，就讀美國西岸的名校，頭腦聰明、邏輯清晰、企劃書總是有條有理，唯一讓我搞不懂的是——她很不喜歡講電話。不管是打電話、接電話或轉接留言，總之，一遇到和電話相關的事，就可以感覺到她眉頭緊皺、全身肌肉緊繃，好幾次甚至還看到她盯著鈴鈴作響的電話深呼吸。現在回想起來，其實我也是這樣，我們都是內向者。

講電話的勇氣

回想念書時代，有些同學的暑期打工是到補習班幫忙打電話攬客，邀請學弟妹來試聽，有的同學樂此不疲，覺得比起其他工作，待在辦公室裡吹冷氣、瞎聊就可以領鐘點費，簡直輕鬆愜意。看他們如此易如反掌，對我來說，卻如同大冒險遊戲輸慘了的懲罰。到底做多少錯事，才要這樣一天八小時，不間斷地和電話那頭的陌生人聊天氣、電影，只為了邀請他們來試聽課程。

內向者之所以不喜歡「接電話」，是因為電話會無預警地響起、打電話來的可能是任何人、對方要講的可能是任何事情，還有講電話時要邊聽邊想、當下做出決定並回覆。接電話只會打斷思緒，逼人得放下手邊正在進行的事情，不接的話又會有罪惡感。

而內向者不喜歡「打電話」，則是出於同理心，「這個時間打電話，會不會打擾到人家？」「電話響了三聲還沒接，她搞不好是在構思很重要的提案，我果然打擾到她了，真對不起。」於是在對方還未接起時就匆匆掛掉。更別說多方電話會議，可經常會發生聽不清楚、甚至斷訊的狀況，簡直是災難一場。

嘗試下列方法來克服電話恐懼症

・**手機安裝來電辨識系統**

各種應用程式程式中，我覺得最好用的莫過於「Whoscall」，這個來電辨識系統是內向者與電話焦慮症間的唯一防線，可以幫忙過濾電話行銷等的干擾，預先知道來電者是誰，也有助於內向者做好心理準備再接聽，以保存上班時所需的能量。

・**先說明方便溝通的時間有多久**

如果時間有限或不希望被電話占據太久時間而分心，可以先問：「我現在有大約五分鐘，請問時間夠嗎？」

・**多方通話或長時間的電話會議，請主辦人先提供討論事項**

每次發言之前，都先報名字，多重複對方的話，不要害怕問問題，因為電話中看不到肢體語言或表情，需要確認是正常的。

・**按照預備好的內容逐項討論**

打電話前先用電子郵件告知對方自己想討論的事項，除了可以提醒自己，也可以馬上進入深入而有效率的對話。如果是沒有其他聯繫方式的陌生開發電話，則可以將這些討論事項寫在自己手邊的紙上，作為提醒。

・保持自己的說話節奏

尤其是遇到重大談判、對方是身分地位較高的人時，內向者容易因為緊張而影響應對進退。有時電話那端只是不出聲，或對方出牌速度很快，內向者就容易亂了陣腳，接著一股腦地雜亂出牌或自秀底牌。遇到這種狀況時，記得深呼吸，把談話的節奏調整成可以一邊思考一邊說話的速度，回到自己最具優勢的節奏。

・指定回覆時間

如果無法立即決定對方在電話中的提案，可以先回覆：「我需要一些時間思考和討論，盡量今天五點以前回覆你，最晚明天中午前回你可以嗎？」

・去電未接，再透過郵件或LINE留言

如果打電話過去對方沒接到，可以寫封電子郵件或發個LINE訊息，有些人就會直接用訊息回。

許多內向者喜歡用電子郵件或訊息傳遞資訊，有些情況的確需要，例如重要的日期、聯絡資訊等等，但有些情況，即使再不舒適，透過電話溝通還是比較好。像是敏感、重要、要求精準的討論事項，如合約價格、競爭對手的策略、談判交涉等。有些是因為涉及機密，要防範留下白紙黑字被有心人轉載或散布；有些是因為需要頻繁的討論（如價格上的來回攻防）；有些則是事關重大（如邀請某賢達擔任要職）等。電話溝通除了提供雙方即時溝通的管道、有較充裕的時間可以說明自己的立場、傾聽對方想法之外，即時通訊軟體再怎麼流行，相信我，很多人還是覺得親自打電話比較有誠意。

最後就是「效率」的衡量了，這點連我自己都覺得意外。其實很多時候，我會選擇立馬打電話，巴不得人家趕快接電話，或慶幸自己接起某通電話，原因無他，就是效率二字。有些事情，講三分鐘的電話勝過花三十分鐘寫電子郵件或透過LINE來來回回老半天。考慮到效率時，就會覺得講電話的不舒適其實還好，事情趕快解決比較重要。

開視訊會議

尼克的工作常常需要跟國外的同事聯繫，總公司為了確保溝通順暢，也為了讓團隊間的連結更密切，跨國會議都是透過視訊完成。的確，視訊會議可以看到臉部表情、手勢，是很棒的溝通管道，但尼克身為大型會議的主持人，每次會議都要緊張好一陣子。

對內向者來說，比起會隨時隨地無預警出現的電話鈴聲，視訊會議通常比較可以預測，訂好明確的討論主題，可以事先充分準備，有效降低不確定性和干擾。唯一的差別是——要讓別人看到自己，這通常也是內向者心中的糾結。

我的工作性質和尼克差不多，視訊會議幾乎每天都有，有時一個早上就要連開三場。我還是不喜歡在電腦上面看到自己的臉，甚至只要知道別人也看得到我，我就渾身不自在、腦袋空白、手足無措。但經過一連串的刻意練習之後，我現在已經可以在早上被同事叫起床，還摸不著頭緒的情況下，就可以頭腦清晰地和對方討論沒有準備過的事項了。

面對視訊會議，內向者可以這樣做

・提早五到十分鐘準備好視訊設備

除了針對討論主題事先做好充分準備之外，安頓好視訊設備也是很重要的，包括調整好鏡頭、讓鏡頭一直開著、確認儀容服裝完整，慢慢地讓自己進入「Action」模式。

・先想好視訊會議第一句話，甚至第一個話題

第一句話通常是早安、晚安之類的招呼詞，及順便問候對方今天過得如何。如果人數多一點的視訊會議，通常會有一小段空檔時間要等所有人上線，可以先準備一、兩個閒聊話題來填補那段時間的冷場，畢竟一堆人互相透過電腦銀幕盯著彼此，卻一不發一語，真的太詭異了。如果實在想不到話題，或對方是主管或長官，不確定是否可以閒聊，不妨直接說：「看起來還要再等五分鐘，我去確認一下大家是不是都知道這個會議。待會聊。」

・讓溝通道具幫忙分散注意力

大家都喜歡言之有物的內容和中肯的建議，而在視訊會議中，運用臉部表情、手勢、紙本、線上簡報來輔助溝通，大家的注意力都會集中在這些道具上，就不會有人注意你的臉了。

・自願報名擔任會議紀錄

如果不需要擔任主持人或重要發言人，也沒有特定的人做會議紀錄，不妨自願擔任會議紀錄。內向者善於傾聽、注重細節，是很合適的會議紀錄人選，而且一陣討論過後，大家都會感謝自願整理會議重點的人。

前面列舉的電話與視訊會議等等，都是正式的溝通，但溝通的場合不只這些，還包括茶水間、走廊的偶遇等「非正式溝通」，事實上，透過這些技巧，也都可以達到相似、甚至更好的效果。下次進茶水間時若遇到同事，不妨順便問一下專案進度或「某某客戶還好嗎，好像很久沒有他們的消息了？」或許會有意外的情報收穫呢！

談判場上的冷靜殺手

詹姆士向來所向無敵，不管是業務開發、價格談判，總是自信滿滿、戰果輝煌，在職場上無往不利，成為老闆面前的大紅人，不管是鉅額交易、重大合約、危機處理，他總是核心團隊的固定成員，從沒讓老闆失望過。對曾是職業軍人的他來說，談判更像是戰鬥或叢林裡你死我活的生存法則，他會鎖定目標、規劃作戰策略，接著發動一波又一波的攻勢，直到對方戰敗投降，舉起白旗。對詹姆士來說，老闆的信任、升遷、獎金都是誘因，但追根究柢，他打從心裡享受這種攻城掠地，取得勝利的成就感。

聽起來，他就是很典型的超級業務！雄才大略、滔滔不絕、全身散發精力、談判時眉飛色舞的那種對吧？其實，詹姆士跟我說，他是不折不扣的內向者。

充滿野心的內向者

美國「線上女性」網站創辦人摩拉・雅倫米勒（Morra Aarons-Mele）在接受《富比世雜誌》訪問時說：「我們都覺得野心十足的人應該都是外向者，講話大聲、眾人矚目的那種人。事實上，有沒有野心跟個性沒有關係。」自稱天生是隱士的超級內向者兼企業家，摩拉覺得每種個性都有自己的武器，但內向者往往低估自己可以帶來的殺傷力。

領導力開發與策略溝通公司 RALLY 的執行長希拉蕊・摩倫（Hillary Moglen），在二十幾歲時就發現自己是個徹頭徹尾的內向者，但不死心地奮力裝外向，因為她深信外向才有辦法在職場上生存，內向只會壞事。經過多年掙扎後，她才正視自己的偏好，是真的不喜歡社交、討厭硬要賣東西給人家，並決定不再假裝，離開那個覺得她應該要「更業務、更能聊一點」的公司。現在她是業界被稱為「一定要合作」的對象，即便她仍然不認為自己很會賣東西。

摩拉形容希拉蕊是「業務典範」，她不會閒話家常，但只要有機會在客戶面前展現她的專業，她就會像電影明星一樣閃耀。她的新客戶百分百透過口碑介紹而來，因為她總是令舊客戶讚不絕口。詹姆士也是類似的例子，剛開始，同事都覺得他「跟人家談判還客客氣氣的，根本是去當砲灰。」一直到他談下一個又一個的大案子，解決各項棘手問題，同事才驚覺到原來這正是他的威力所在。

比起「很會聊」，這些看似內斂的特質可以如何幫助你？

- 傾聽

高階獵人頭專家兼職涯教練朱丹丹（Dandan Zhu）認為一位好的業務要有取得答案的能力，因此每家銷售公司都會訓練業務問對問題，以了解對方、獲得內部資訊或找到任何可能有助於結單的蛛絲馬跡，但丹丹也說「身為外向者，我常常提醒自己要閉嘴。」有時即使問對了問題，若沒有相對的傾聽技巧，仍會無功而返。

一樣的答案聽在不同人的耳裡，獲得的資訊量可能天差地別。摩拉·雅倫米勒認為內向者是「每間公司業務的秘密武器」，因為他們有「深度傾聽」的能力。內向者會注意客戶真正的需求，比起閒聊幾百小時都精準有效。摩拉分享自己的經驗，她曾得到一個大合約，就因為「我們開了七次會議，從頭到尾我都坐在那邊，仔細地聽他們到底需要什麼。」外向者通常沒辦法做到的事，對內向者來說熟悉且輕而易舉——就只是聽而已。

・職人精神

內向者因為感覺較敏銳，且擁有換位思考的同理心，往往可以很快地了解對方的感受。「每個人都想買東西，但沒有人想要被推銷」，大部分的內向者不會一直講話，逼迫客戶買單。《內向者的成功密碼》作者朵麗絲・梅爾丁（Doris Märtin）認為這種自我節制的特質，在銷售上反而會讓顧客產生信賴感。

此外，內向者擅長經營長期而深入的關係，摩拉・雅倫米勒這樣譬喻：「業務關心有沒有成交，但職人關心買回去的人滿不滿意，這就是業務精神和職人精神的差別。」第一個大規模生產汽車的福特汽車創辦人亨利福特（Henry Ford）就說：「賣出一輛車並不代表結束一次交易，而是開啟一段關係。」而內向者的「職人精神」，正是經營這段關係的重要元素。

・分析能力

專欄作家傑弗瑞・詹姆士（Geoffrey James）認為，有別於傳統的「業務介紹—說服—堅持」的模式，有效的業務模式應該是「研究客戶—傾聽需求—反應」，而這三者正好都是內向者擅長、外向者需要花點力氣才能駕馭的領域。舉凡上網收集資料、閱讀、分析資訊、傾聽等都需要耐心，並保持開放的心胸接受新意見，配合對方步調反應，完成交易。

企業顧問希薇亞·洛肯（Sylvia Löhken）認為內向者擅長分析的能力，可以解析雙方立場與條件，加上內向者天生重視和諧的特質，更容易創造靈活的操作空間，調和雙方需求。

目標是征服主將

曾聽過一個案例，某公關公司要舉辦大型活動，透過經紀公司邀請外國藝人來台表演，因為時間緊迫，售票、宣傳先開跑，其他事宜也如火如荼地進行中，沒想到活動前兩週，藝人才說要漲價百分之十六，不然不來。由於當初雙方只有口頭約定，並未簽立書面約，公關公司也只能不斷地與台灣方面的經紀公司溝通，無奈該藝人堅持不多付錢就免談，但多付百分之十六，整個活動注定要賠錢。假如你是公關公司，會怎麼辦？

該公關公司的主管只花了兩秒就想出解套的方法，他跟心急如焚的專案企劃說：「去跟經紀公司談，叫他們吃下百分之八。」剖析這整件事的利害關係，經紀公司的報酬來自於抽成，活動若辦不成，他們就一毛錢都賺不到。考慮過後，經紀公司同意和公關公司各分擔百分之八，一個小賺、一個至少不用賠。公關公司主管思考利害關係後，找到「賠錢也要辦」及「開天窗」之外的第三種選項，這便是分析能力的展現。

面對少數人的戰場，內向者通常不會吃虧。獵人頭專家朱丹丹認為：「業務談到最後，做決定的通常是一個人，頂多兩個人，外向者的專長是面對大群人施展魅力，這種時候派不上用場，換言之，這樣的場合對內向者來說倒不一定吃虧，搞不好還能夠占些優勢。」這也讓我想到某次去美國出差的小插曲，當時是為了談一筆金額龐大的採購案，談判前，我們先和美方合夥人討論策略及進行沙盤推演，我坐在主管旁，聆聽他們的想法，一邊思考該怎麼做。外向的主管滔滔不絕地發表完他的高見，美國合夥人突然轉頭看我：「安靜的人通常最為小心謹慎，這是我過去幾十年得到的經驗，我想聽聽吉兒的想法。」看來，有內向者前輩曾狠狠地給過他致命一擊呢！

遠端工作是內向者的王道？

《神鬼認證》（The Bourne Identity）是我熱愛的系列電影，即便男主角一度更換，拍攝時間橫跨十四年，我對它的喜愛卻始終無減。若用一句話來說，這是一部中情局要追殺一個失控的人間凶器，最後卻失敗的故事。在第一集裡，麥特．戴蒙忘了自己是誰，卻記得所有精心訓練過的殺人技巧，中情局派去解決他的殺手克里夫．歐文，在中槍斷氣之前，麥特．戴蒙問他：「你們還有哪些人？」歐文回答「我一個人，跟你一樣，我們都是單獨行動。你是誰？羅馬還是巴黎？」

我現在的生活大概就是這樣，自我介紹後面會加上國家或城市——「我是吉兒，來自台北。」手機裡同時有數個時區的時間之外，講什麼都用城市作代名詞，一起工作的伙伴也不會搞混：「你有跟舊金山（指人）說嗎？對，就跟馬尼拉（指專案）一樣，香港

（指地方）可能也要。」大部分國家只有一個人，所有文件都上雲端，沒有實體辦公室、沒有同事，甚至沒有人管你上下班時間，只有自己「一個人」。

二〇一三年，雅虎前執行長梅麗莎．梅爾取消在家上班政策，引起一片譁然，批評者說：「都什麼年代了，妳為什麼還硬要員工在同個時間，坐在同個空間裡才能工作。」早在雅虎創立之前，IBM從一九八三年就開始推動遠距上班，從當初實驗性質的兩千人，到二〇〇九年，IBM全球一百七十三個國家中，已經約有四成員工（三十八萬六千人）根本用不到辦公室，IBM也因此省下約二億美金的租金、水電等費用。令人意想不到的是，IBM在收益連續下跌二十季之後，於二〇一七年三月取消在家上班的選項，面對此項變革，有人認為是困獸之鬥，也有人認為這證明了遠距辦公根本行不通，難怪Apple、Google這些公司打從一開始就明訂大家都得進辦公室。

根據蓋洛普抽樣調查，美國目前有百分之四十三的工作者是全時，或至少部分時間在家上班。究竟在家遠距上班與到辦公室上班，哪個型態較有效率，兩派都有研究結果支持，但說到底，其實最有關係的，還是工作型態。

集中辦公的溝通效率

若工作內容主要是跟客戶往來，像是顧問、保險業務員；或是可以獨力完成的工作如專欄作家，硬要把人放在同個辦公室裡集中辦公，似乎沒什麼道理。但如果是需要和同事頻繁溝通的工作，諸如工程師開發團隊，在同一個環境工作，只要轉頭就可以互相討論想法，則是任何科技都比不上的效率。更有甚者，加州州立大學聖地牙哥分校和爾灣分校合作的一項研究裡，模擬一架波音七二七班機發生的狀況，以及機組人員的溝通過程與模式，並進行紀錄與分析。實驗中全程錄音，錄到以下內容：

一位機組員發現可能漏油，馬上說：「狀況不太對！」

機長：「嗯……。」

副機長：「喔喔喔。」

然後問題就解決了（什麼!?）

研究者對照錄音與影像後，發現在如此高效率的溝通過程中，許多訊息的傳達都是靠肢體動作、聲音、表情來完成。發現漏油的機組員把身體轉向機長與副機長，指著有問題的兩個讀數，然後用一連串手勢指著儀表板，機長和副機長點頭，用手比了ＯＫ，把油轉到另外一個引擎，問題解決。全程只花了二十四秒。同樣的狀況，如果這三個人同時身在不同的地方，不管是開視訊或拍照，把儀表板數值傳給其他兩人，或透過任何即時通訊，應該都無法在這麼短的時間內完成溝通。

身為一個專業的內向者，這個研究結果對我來說簡直是晴天霹靂，因為我想不到有比在家上班更好的工作環境——從床上到書桌的通勤時間只要十秒、可以素顏穿睡衣、不用在下大雨的尖峰時間出門、不用在會議室裡花費許多無謂的時間，甚至不用特別早起，只為了享用三十分鐘的無人辦公室！我現在的工作就是這般夢幻——不只一個人在家上班，全台灣甚至沒有同事，就算一整天睡死，等最近的同事殺到台灣來至少也要搭兩個小時的飛機，簡直無敵。

但講到溝通效率，確實在某些需要頻繁討論的工作項目中，遠距較不吃香。我總得先和同事約好時間視訊，準備好議程與資料，討論完就下線；不會在茶水間遇到同事，順便問一下專案的進度；或是聽到同事電話內容、不小心瞄到他電腦上的東西，就知道他在處理什麼，還有工作量如何。更重要的是我只有一個人，無論是天災人禍，還是指甲扭到，身在其他國家的同事也不會知道；就算知道了，也幫不上忙。我只能自己想辦法繼續承擔工作。

在家上班聽起來很理想，但天底下沒有完美的事，許多狀況下，要承擔的問題更多、更困難，尤其擔任管理職之後，溝通成本變高，主動溝通受限，要等別人有空或上線才能回答問題；單兵作戰，遠水救不了近火，以致成敗都在自己身上，所以壓力也會比較大。畢竟「各自專心工作」跟「彼此溝通順暢」本來就是難以兩全的事。

你適合遠端工作嗎？

在成為全職的遠端工作者（remote worker）前，其實我已經進行長達二年的兼職遠端工作實驗。一路上勝任愉快，但真的要轉職為全職的遠端工作者時，大家還是語重心長地勸我：「妳自己要想好喔，妳不是工程師背景，以後遠端的工作不會太多，一旦習慣遠端，就回不去每天通勤打卡的日子了喔。」雖然如此，內向者如我還是飛蛾撲火般地奔向每天自己吃午餐的日子。

如果你目前也有全職遠端工作的機會，不妨參考遠端工程師 Alex Tzeng 當初評估進入全職遠端工作的三個考慮面向。

遠端工作的考量點

- **個人身心健康**

  諸如「我會不會覺得寂寞？」或「我在家裡工作會不會分心？」甚至「我會不會因為遠端而打亂工作與生活之間的平衡？」

- **能否完成工作**

  諸如「我會不會懷念辦公室內的聊天？」或「溝通會怎麼進行？」甚至「同事會不會忘了有我這個人？」

- **職涯發展**

  諸如「我能否自己處理重要專案？」及「遠端工作該如何升職？」還有「我是否有辦法在遠端工作的環境裡成為主管？」

聽說成日埋首寫程式的工程師因為工作太複雜，很難向外人說明白，所以更容易覺得寂寞。我的工作性質雖與資訊工程師不同，但還是可以分享一下身為遠端文科工作者的工作狀況，以及可能遭遇的疑慮。

遠端工作的疑慮

孤獨、寂寞對我來說，完全比不上「自己單獨工作」的吸引力，加上我的工作性質常需要對外溝通、開會、出席社交活動，內容較多元，因此嚴格來說，我的工作並不是待在咖啡廳就可以完成的工作，而且我們的團隊感很強，有的同事還會在他起床我睡覺前先彼此小聊一下，增加親暱感。

工作上比較大的挑戰，反而是如何取得生活與工作之間的平衡。因為要配合各地時差的關係，我每天大概從早上七點前就開始工作，晚上十一點才能結束，有時甚至會延到凌晨一點。優點是不用通勤、有網路就可以上工、實際工作時數很紮實，但必須很刻意維護，才不會因為這般便利性而犧牲掉家庭與私人時間。舉例來說，我規定自己週末不接活動，除非可以同家人一起參與，週間晚上也要與家人協調後才會出席活動。

內向者通常比較專注、不容易受外力打擾，旁人好奇的「會不會看到電視就不小心看了兩小時？」或「看到床就想睡？」對我來說都還沒發生，反倒常因為身邊沒有同事，不小心就專心過度，一抬頭才發現早就過了午餐時間。另外，比較大的困擾是親朋好友的請託，例如「反正妳都在家，幫我收一下宅配」或「妳沒事嘛，幫我跑一趟銀行」，實際上我也是要出門開會，遠端工作不代表沒工作呀！

常見的遠距溝通方式

再怎麼內向的人還是需要人際互動，溝通應該是遠端工作最有挑戰性的部分，畢竟不像在辦公室裡面，轉個頭、打個電話，或在走廊堵人就有辦法講到話。工作成員散布在五湖四海，我甚至聽過一起創業但卻連對方長相都不知道的案例，這種情況要創造向心力也不容易。

然而良好的溝通是完成工作的基石，遠端工作經驗三年的軟體工程師尤川豪就歸納要有效率地遠程辦公，至少需要兩項技巧：改變溝通的方式與掌握足夠溝通工具。就工具來說，包含對方不一定會馬上回覆的電子郵件，同步的即時通訊、視訊會議、電話會議，以及多在建立團隊關係、解決複雜的問題的當面溝通。另外，專案管理工具如Trello也是遠距工作者的好夥伴。我們可以依照主動、被動程度，選擇不同溝通工具，例如不急或不複雜的事情就不要開視訊會議，也需要以被問的人、接收訊息的人為主，根據答覆做出反應。

沒有完美，只有適合與否的工作方法

「在主管看不到我的情況下，我要怎麼被主管看到？」這應該是遠端工作者面對升遷的重要議題之一。軟體工程師Alex Tzeng分享他自身的經驗，其實在遠端環境中，工作成效反而更容易呈現，相較於在辦公室中，主管只能看到「你在不在座位上」，遠端工作因為必須運用許多協作、專案管理系統，凡做過必留下痕跡。

至於實際的升遷，遠端工程師 Julia Evans 的建議是藉由溝通與不同團隊成員保持良好關係，以及找到好的遠距楷模。我自己的經驗也有類似的答案，當初遠距一段時間後即被破格升遷，回頭想想，應該也是因為當時的我一直想著要怎麼多幫一點忙，在不斷地提出想法，又得到同事協助、讓想法實現的情況下，就讓自己「被看到了」。

一九七七年，麻省理工學院的教授湯瑪士，艾倫（Thomas J. Alen）研究ＩＢＭ辦公室文化發現，即使兩人身在同個辦公室中，坐越遠溝通頻率就越低，座位距離一旦超過三十公尺，溝通的頻率趨近於零。如果在同一個空間裡工作都如此，更何況是遠距！若你以為科技能夠解決這個問題，麻省理工學院的客座科學家班．瓦伯（Ben Waber）會告訴你：效果有限！因為會選擇透過科技聯絡的大部分還是曾經見過面的工作者，這也帶出遠距工作的另一層隱憂，即所有科技或溝通工具都有的特點——工作者必須主動選擇使用。對遠端工作者來說，是否要溝通或是用哪種工具溝通比較有效率，就得要靠自己拿捏了。

對內向工作者來說，**不一定哪種上班方式比較好，重點是要找到對自己最有效率的工作方法**。如果必須進辦公室工作，可以想辦法創造一點屬於自己的時間空間，像是提早到辦公室或晚點下班；挑角落或靠牆邊的辦公位置。如果是在家上班，也要時常主動了解新科技的運用，搞懂協作平台與即時通訊軟體等，挑選最適合、有效率的方式與外界接觸，保持溝通順暢。

只要找到自己感覺舒服、有效率的工作方式，內向者並不用限制自己的工作選項，非得遠距或坐辦公室不可。雖然，穿睡衣上班真的滿舒服的。

給需要頻繁出差的內向者的建議

潔熙在國際研討會的初登板，完全是個噩夢。即使事隔多年，她仍然記得自己收到議程後的那股焦慮，整整二個月，潔熙心裡只有這個聲音：「我不想去！」

緊張的原因並非需要上台主持論壇，也不是要面對幾十個國家代表演講，而是行程安排。每日的第一個行程都是早上八點半的早餐社交（誰有辦法邊吃早餐邊社交？）直到晚上九點的晚宴（一整天都在交換名片、圍成小圈圈討論了，晚餐還要跟不認識的人同桌吃飯兩小時！）光看到行程，她就覺得精疲力竭。

果不其然，潔熙的演講和主持大獲好評，但經過漫長的一天，晚宴上，潔熙已經眼神渙散，像是電量耗盡。觥籌交錯、氣氛熱絡之際，不管身旁的人如何位高權重、談話內容多麼風趣機智，她只能勉強拉起嘴角上揚三度，戰力幾乎等於零。她的初登板完全是個夢魘。

研討會第二天，為了不讓慘事重演，潔熙決定改變策略。研討會正好在下榻的飯店舉辦，潔熙決定在中場休息時間回到房間，遠離人群，補充能量；如果中間休息時間不夠，她就躲到洗手間或走廊盡頭，稍微喘息一下，再重新投入戰場。這樣的策略顯然奏效，第二天晚上，潔熙優雅地加入談話，甚至在最後一天晚上還可以與各國賓客到當地的KTV歡唱到凌晨。

潔熙的狀況對需要頻繁出差的內向者來說，應該不陌生。通常只要離開熟悉的範圍或常軌，對內向者來說，都是消耗能量的任務。旅程中的不確定因素，如班機準不準時、旁座的乘客會不會大聲講話、餐盤中有沒有過敏的食物等，以及不熟悉的國家城市，甚至是截然不同的天氣狀況、交通方式；還有第一次見面的客戶、只有一次機會就要談成的交易等。外向者可能感到新奇有趣、躍躍欲試，但對內向者來說，這只是重重挑戰。

精心分配能量、減少能量消耗

我的工作性質常需要出差，可能是當天來回或必須在外地住上一段時間；可能是在國內、鄰近國家；也可能要跨過十幾個時區。每次出差，我都必須心理準備許久，在出差當下，更是要精密計算自己的能量指數。

想要在出差旅途中減少自己的能量耗損，方式之一是拉高金錢成本，例如坐較貴的艙等、入住星級飯店或選擇離會議地點較近的下榻處，好處是可以確保高品質的休息，但現實是多半沒有這種預算。這時我就會透過其他彈性方法，例如坐飛機時提前辦理手續、選好自己喜歡的座位，除了可以降低時間上的緊迫感和焦慮感，也可以確保飛行途中自己較為平心靜氣。若是短程飛行，我通常喜歡坐窗邊，避免走道上人來人往干擾休息；若是長程飛行，我會選坐走道邊，可以隨心所欲地上廁所，而不用跟鄰座說「借過」，都是稍加留意就能節省能量的好方法。

抵達出差地，開始行程之後，就必須精心分配自己的能量，比如不要把初次見面的重大客戶與重要談判安排在同一天，若有幾個比較燒腦的會議，可以安排在不同天，中間穿插一些拜訪認識的客戶或相對簡單的餐敘等。早點起床，把當天的行程在腦中沙盤推演一遍——要拜訪哪個客戶、對方與會的有誰、會議目的、對方可能會問什麼問題、會議結束後要到哪間咖啡廳補充能量、下一場會議在哪裡、需要多久的交通時間、怎麼去才能在路途中休息等。

出差難免會遇到出乎意料的狀況發生，臨時調動行程、更改班機都可說是「常態變動」，但對內向者來說，事先的規劃與確認可以降低風險。另外，只要能在變動中找到定錨點，一樣可以勝任愉快。

打造可帶著走的舒適圈

瑪蒂．蘭妮博士在其著作《內向心理學》中提到，內向者體溫較低，較容易覺得手腳冰冷；然而內向者也比較不會大量出汗，所以天氣熱時，也無法好好工作。因此，內向者感覺舒服的體溫範圍相對窄，出差時的服裝準備應該更要注意舒適性。採洋蔥式穿法，攜帶輕薄的圍巾或絲巾、隨身包包裡放一件背心或外套應付進出冷氣房的溫度變化、視當地天氣決定是否攜帶手套、厚襪子、暖暖包等，都是可以讓自己保持在最佳狀態的穿搭技巧。

另外，對於較容易緊張的內向者而言，創造一種到哪裡都可以保護自己、可以隨時躲進去休息的「可攜式心理空間」也是出差時必備技能。你可以把這種空間想像成結界、漫畫《新世紀福音戰士》裡的AT力場，或是屬於自己的保護泡泡。帶條可以把自己包住的羊毛厚圍巾、能完全遮住眼睛的太陽眼鏡、公事包裡放個療癒的小玩偶、灑點自己喜愛的香水、戴上耳機聽喜歡的音樂，或像女神卡卡戴上大帽子或穿上生肉裝拒絕人家靠近（好吧，或許有點超過了），總之利用隨身小物，為自己創造「受保護」的感覺，就可以從這股熟悉感中獲得能量。

跨文化職場中的內向者

風靡網路的插畫家Karoliina Korhonen繪製《芬蘭人的夢魘》系列[1]在網路上流傳，每個人看到後都會轉傳給我，甚至長達一年多時間，不斷地有人覺得「哈哈，這好內向，跟吉兒一樣」讓我哭笑不得。

現實中的Karoliina Korhonen在朋友與業界之間內向到出名，她創作的漫畫主角Matti，也是一個典型內向者，心中天天上演無限的小劇場：「出門快來不及了，但走廊上有人怎麼辦？」或是「我想試吃，可是拜託銷售員不要跟我講話」甚至「談事情就好，為什麼你要靠我那麼近？天啊！你還碰了我一下」，當公車上鄰座者移到旁邊的座位時，他也本性不改地想著「我是不是做錯了什麼，讓他不想跟我坐？怎麼辦啊？」

心理學家羅莉．希格（Laurie Helgoe）在《內向力量》[2]一書中曾提到文化也有偏內向和偏外向之分，芬蘭、挪威、冰島、瑞典、丹麥等北歐國家正是內向文化；而美國、古巴等則是外向國家。有趣的是，即使生長於外向文化的社會，也不見得大部分人都是外向者，根據NERIS分析公司的統計，美國內向者竟然還比外向者多了千分之四！得知樣本數高達二千二百多萬份以後，多少有點欣慰，原來在看似外向的美國文化中，竟然有一半的人跟我一樣是內向者，至少有一千一百萬人可以了解我的痛。

在台灣土生土長的內向者如我，職涯卻與外向的美國很有關係，工作經歷根本是與外向文化的搏鬥史。姑且不論在美國求學與實習的經驗，回台灣後，我從事運動經紀工作，負責介紹台灣球員給美國大聯盟；之後又赴美，在美國州政府工作。即使後來在本土的長照非營利組織工作，也還是常跟美國方面聯繫開會，現在更是直接進入美國組織上班。即使過了這麼久，我還是覺得自己在美國的外向文化中顯得格格不入。

蘇珊．坎恩在《安靜，就是力量》一書中提到內向者身處外向文化的經典案例，就是哈佛商學院。她形容這個以「培育改變世界的領袖人才」自詡的地方，學生「一天到晚都在籌劃夜店活動或派對，要不然就是討論他們剛剛又完成哪個超級好玩的旅程。哈佛商學院努力將學生變成愛說話的人，例如教導他們如何在資訊不足；或心中只有百分之五十五確定時，如何帶著百分百的自信發言。」這點讓哈佛商學院的內向學生痛苦不已。

我的學校雖然也是歷史悠久、擁有許多優秀校友，但與哈佛還是完全不能比，絕對沒辦法在財星雜誌（Fortune）五百企業中占據前百分之二十的執行長名額。即使如此，我的第一次文化衝擊，還是從第一堂課就見識到了，當時老師說明課業評分標準，其中有百分之三十是課堂參與。「課堂參與應該就是指出席吧？台灣老師都這樣」這麼想的我，後來真的是吃盡苦頭。原來到了研究所，不想去上課可以直說，但課堂上卻一定要發言，不管是小組討論、上台報告，或對老師講的內容提出問題。

我很努力，卻做不到。剛開始我認為是語言隔閡，但其實我在生活和工作場合溝通無礙，也曾想過是學習方式的問題，但開學三個月後，教授便說我的表現與其他同學一樣。直到多年後，我看到《安靜，就是力量》一書，才知道是因為這是一套不適合內向者的教學體制，偏偏從學校到職場，外向文化的國家就是信仰「流利的表達能力和良好的社交能力，就能打造成功人士」這套說法。

直到近年來，產業趨勢改變，科技業的影響力越來越大，大眾的注意力才慢慢從能言善道的華爾街風格，轉向精簡務實的矽谷風格。越來越多的公司，比如皮克斯、微軟都採用彈性的辦公室設計，讓員工們無論是要團隊討論或獨立思考，都有合適的空間。

我任職的單位總部就在舊金山市區，由於地緣和往來夥伴的關係，組織文化也深受矽谷風格影響。對我來說，這是內向和外向文化完美的融合。辦公室的座位區是開放空間，方便溝通；一旦有需求，也可以到封閉的小空間裡獨處。大家平常雖各做各的事，但也會三不五時到用餐區邊喝咖啡、吃點心，邊聊聊專案進度或工作狀況。開例行會議前會先在雲端開表格，各自填入要報告的事項並提供資料，讓大家可以先做準備。

內外向是互補，而不是對立

當內向者在外向文化中覺得不適應時，別忘了外向者到了內向文化一樣需要調適。前《華盛頓郵報》東京分局長瑞德（T.R. Reid）描述他在日本的生活經驗，在美國，會寫「私人用地，停車者拖吊」的標示，但他的日本鄰居寫的是「很抱歉，但是我們必須尊請您，不要讓昂貴的車輛停在敝車道前」。羅莉．希格形容這樣的文化互補性就像陰與陽，彼此不同，卻互相吸引，這或許也可以解釋為什麼美國人這麼熱衷瑜珈、日本漫畫，而日本人卻覺得穿上寫英文的T恤才夠潮一樣。

跟「不同性格的人」的相處之道

・工作表現與效率

「沒有公誼，就沒有私交」，職場上大家看的是表現、績效，如果工作成績亮眼、效率高、只要有我們在就可以讓老闆另眼相待、團隊輕鬆，任何人都會喜歡和我們合作。

・尊重

尊重彼此的工作方式、節奏、工作目標、團隊。這也是我最感謝美國文化的部分，只要能達成結果，任何工作方式都受尊重。如果有突發狀況，主管也會先確認：「你願意做嗎？」如果不願意，大家再一起討論替代方案，不用一直絞盡腦汁地想藉口。如果有聚會或活動，不想參加，也可以直接說，沒有人會勉強你。

・幽默

內向者可能沒辦法走急智路線（別指望我們的臨場反應了），但如果平常冷靜嚴肅的人偶爾丟出輕鬆一點的話題或開個小玩笑，就會造成很好的效果，會讓眾人覺得「冷面笑匠喔，不錯嘛！」

· **主動幫忙**

利用內向者的優點——細心、重視細節，主動幫忙處理外向同事不擅長的文書、數字，你的順手之勞可以幫助他們解決避之唯恐不及的麻煩。但這招不能常用，不然你會變成整天在處理這些事情；除非你很喜歡，公司也有付你錢，那就另當別論了。

擁抱不同文化

如果覺得內向者在內向文化中一定比較如魚得水，其實倒也不一定。我曾在內向的俄國待過一段時間，到現在還是覺得他們冷若冰霜，不知道是在生氣還是太驕傲。每次跟他們說話時，總是戰戰兢兢，怕被拒絕或無視。回頭一想，咦，別人不也是這麼看我們的嗎？我之前管理的香港、韓國都屬於內向國家，跟這些國家的同事相處時，反而需要表現出外向、強勢、積極，甚至具攻擊性的一面，說實在話，也沒有比較輕鬆。

要是你跟我一樣必須在外向文化中生存，不如享受一下外向文化的好處吧！例如對方總是有話聊，不用自己想話題；外向文化通常也不吝於給予鼓勵，雖然聽到：「妳對我來說是很特別的人；有妳在，我就安心了。」總讓人發窘。我的美國同事叫我「募款奇蹟」或「台灣來的怪物」甚至「傳奇」一點也不吝嗇（看吧，外向文化真的很誇張），我的心得是：**擁抱各種文化、不要因為任何理由限制自己的可能性，尤其是因為內向**。

噢，對了，我在美國住最久的地方是明尼蘇達（Minnesota），是全美最大的北歐後裔州，一般的刻板印象是「明尼蘇達好人」（Minnesota Nice），客氣、保守、友善、不喜歡衝突、低調、冷靜克制、不喜歡成為焦點。除了實在太冷以外，明尼蘇達應該是內向者在美國的好去處。

---

1 —— http://finnishnightmares.blogspot.tw/

2 —— 原書名為《*Introvert Power, Why Your Inner Life is Your Hidden Strength*》

將內向的優點表現在工作上

約翰出生在紐約機場附近，是個害羞又謙虛的男孩，從小看飛機長大的他，夢想是當飛行員，但專制的爸爸希望他當神父，所以大學念了神學和哲學。好不容易大學畢業，他不顧父親反對去開計程車，用微薄的薪水存錢考上飛行員，又進修商管碩士，沒想到這樣的資歷，還是被美國航空局拒絕。

三十五歲的他，剛進入一家市場占有率很小的公司，職務是最低階的飛機銷售員。他在這家公司待了三十二年，只用五年多時間，就把市占率拉到五成，對手公司換了八位銷售總監，還是沒辦法把他拉下來。退休當年還賣了八百七十五架飛機，訂單超過一千億美金，這可不是生涯總合，而是當年的銷售數量！他是約翰・萊希（John Leahy），空中巴士的銷售總監，曾獲得飛行俱樂部基金會的傑出成就獎，被《華爾街日報》稱為

「活著的傳奇」，空中巴士執行長讚美他是「獨一無二的銷售員，無人能超越」，身邊的人形容他是個「極度害羞又謙虛，同時極度有野心」的人。萊特卻對自己的成績相當低調：「我只是個普通人，因為好運取得一些成就而已。」

內向者面對的職場挑戰

內向者沒辦法承受瞬間注意力；沒辦法被誇獎，因為會很不好意思；沒辦法邀功；沒辦法拍桌子吵架；不好意思開口請人幫忙；不好意思打電話，怕打擾人家；沒辦法用力行銷自己；沒辦法爭取福利；不想當第一名，因為不想要太多注意力……更別說面對頂頭上司，老闆們有時會委婉地說：「你好像比較慢熟哦」，有時則是直言：「你怎麼不像某某一樣去跟人家哈啦呢？快去！」會議中會因為不喜歡在大家面前快速表達想法，而顯得沒意見；突然被叫到比被忽略還慘，有時遇到好心人做球給你，問：「要不要分享一下你的看法？」彷彿所有的聚光燈「啪」一下都打到身上，你只會腦袋一片空白，聽到心臟加速跳動的聲音，渴求哪個人趕快來結束這漫長而難熬的寂靜。

對內向者來說，工作的每一天都是挑戰；職場上，對內向者的誤解更是不勝枚舉。「內向者不擅人際關係」這種快速分類的言論或多或少存在，但強將刻板印象套用在人身上，只不過是簡便卻粗糙的分類法，人資應該也不會希望部門主管們依此下定論。

反手拍不行，就把正手拍和速度練到無人能敵

身邊許多內向的職場工作者，心中總是在上演千變萬化的小劇場，老是糾結：「為什麼我就是沒辦法像某某一樣輕鬆地找人講話呢？」或「剛剛那個問題，我其實可以回答出來的，可惡，怎麼現在才想到答案？」還有「說好要搭檔的主持人臨時不能出席，讓我撐全場是要逼我跳海嗎？」其實內向者有許多獨到的優勢，與其想著反手拍怎麼都打不過人家，倒不如把正手拍練到無人能敵、速度練到飛快，任何球來一樣可以解決。

內向者的優勢

・深度思考

生物演化過程中，留下來的都是能準確反應環境並適應的基因，由於神經系統條件不同，相對於外向者的報酬取向，內向者則是傾向「避免危險、節省力氣、減少失敗」的生存策略。內向者通常不會說出未經思考的話、不喜歡衝動行事、表達意見前會深思熟慮，可以讓聽者產生好感，覺得自己被重視，而且言之有物。這樣的特質讓內向者會在事前充分準備，你不太會看到內向者因遲到而慌張抵達會場，或趕在截止時間前踩線。

・善於傾聽

傾聽是有效溝通的重大要件之一，內向者擅長觀察、懂得弦外之音，他們會吸收、理解資訊並深度思考，因此更能了解什麼對他人是重要的、哪些資訊有意義、背後的脈絡是什麼。電影《少年Pi的奇幻旅程》主角阿迪爾·胡賽恩（Adil Hussain）形容李安「他的執導風格非常敏感安靜，當他跟你講話的時候，幾乎是用耳語，從來不會從導演椅上大喊或請助理轉告，他總是親自溝通。他的溝通不只是言語，更像是一種能量轉換，讓人有辦法演戲，所以像蘇瑞吉那樣的新手才有辦法表現得這麼出色。」

不過善於察言觀色的內向者也容易放大他人想法，有時也會因此為自己帶來壓力，但對於其他人來說，內向者總可以知道他們的想法與需求。在職場上，這樣的能力非常有利於談判。

・專注穩定

比起外向者，內向的人更能維持深度、專注的狀態，他們可以把注意力集中於眼前最重要的任務上，長時間全神貫注，執行任務。經常被學術研究引用的英國心理學家漢斯・艾克森（Hans Eysenck）就說過，內向者會「將精神專注在手邊的工作，避免將精力耗費在與工作無關的社交上。」另外，因為內向者「穩定」的特質，不會注重短期的結果，相較於外向者適合短期可以看到成效的專案，內向者是「成功需要等待」的代言人。

・具有恆毅力

內向者較不容易輕言放棄，反而可以針對目標，持之以恆。心理學家安琪拉・達克沃斯（Angela Duckworth）稱這種特質為「恆毅力」[1]，她認為這是比天賦、智商、家庭收入等都更能預測未來成功的指標，隨著年資增加與位階晉升，專業、高階人力越需要這種能力。

喬治城大學的助理教授卡爾・紐波特（Carl Newport）所說的「深度工作力」（deep work）也是同樣的看法，在他的論點裡，有辦法心無旁騖、專心致志創造深度、罕見的成果，才是真正可以轉換成市場價值的能力[2]。比起每天要回覆許多電子郵件、開很多會，高階經理人能否成功更需要看他是否有能力主導深入、有意義與價值的長期專案，而這正是內向者的專長。

沒有人是完美的，當我們怨嘆自己遭遇艱難挑戰時，其他人或許正在羨慕我們所擁有的特質、能力、經驗或天生多一條的神經。內向者不需要非得外向，才能爬上成功頂端；只要善加利用自己的優勢，一樣可以做得很好。最重要的是，你不會因此崩潰。

1 ── 出自安琪拉・達克沃斯的著作《恆毅力：人生成功的究極能力》，繁體中文版由天下雜誌出版。

2 ── 出自卡爾・紐波特的著作《Deep Work深度工作力：淺薄時代，個人成功的關鍵能力》，繁體中文版由時報出版。

Part 3

內向者的
社交場合大逆襲

運用內向特質，把公開場合變主場

訂下這個標題的時候，連我自己都笑了出來。先講一下「主場」的概念好了，主場通常代表「優勢」，在自家比賽才有的福利：在家睡飽再出門去比賽就好、賽程被安排在溫度舒適的時間、豪華的休息室、保證不會拉肚子的便當、滿場為你加油的粉絲，甚至有犯規時眼睛進沙沒看到的裁判。說得直白點，就是擁有什麼事情都不用做，就先贏人家二十分的利基。不過要內向者把社交場合當主場？這應該比讓洋基隊和紅襪隊的球迷睡在一起還困難！

第一次參加外交部的新春茶會，因為是陌生活動，事前我很認真地詢問出席名單，可惜沒有得到回音，「好歹也在這個領域這麼多年，現場總會有幾個認識的人吧！大不了坐在那邊看節目，應該也不會太尷尬。」正這麼安慰自己時，進入會場才發現代誌不是憨人所想的這麼簡單——場地中竟然沒有座位！大家穿著西裝或套裝，一圈圈地聊開，一進門只看到黑壓壓的人頭，談笑的聲浪排山倒海地朝我襲來。

要不是科長客氣地陪我走進會場，不然我應該早就拔腿撤退了。大家都是成群而來，只有我形單影隻，尷尬地站在豪華的宴會廳中。幸好一通電話打來，讓我前三十分鐘有事可做，心裡滴咕了至少五十次：「我到底在這裡幹嘛？下次打死我也不要參加！」

隔天晚上，又是陌生的場合——四十位女性科技菁英榜頒獎典禮。有了前一天的挫敗經驗，加上非科技從業人員，我到出門前都還在躊躇要不要出席，最後硬著頭皮換上盛會裝扮，不是因為勇敢，而是已經答應主辦單位。然而，同樣是第一次參與的活動，經驗卻與前一天截然不同，我認識了許多新朋友、學到新知，甚至開拓新的合作機會，直到回到家時，心情都還很興奮。

兩個社交活動只差一天，覺得掌握度較高的活動草草收場，毫無把握的卻意外順利，正好具體而微地呈現了內向的我與社交戰鬥數十載的心得。

精選戰場

內向者最重要的資產就是能量，在出發參加任何社交活動之前，先確認到底為什麼要參加比什麼都重要。說「精選」而非「慎選」，是因為有時還是需要正向思考，才能漸漸擴大自己舒適圈。

在前述的經驗中，外交部茶會是「有這個榮幸受邀出席，不去不好意思，或許可以認識一些人當附加價值」，但女性科技菁英頒獎典禮是「去受獎，不去不好意思，且今年目標是希望為女性多做一些事，很想了解可以怎麼做」。同樣是不好意思的心情，但出發點不同，力道就會很不一樣。

做好準備

戰場的模樣也會影響成效。外交部茶會的活動主軸就是讓大家自由交流，所以沒有安排太多節目，也沒有座位；科技女性菁英頒獎典禮的演講安排的很充實，也創造出社群分享的感覺。對內向者來說，聽演講是公開場合中最不消耗能量的方式，事先了解活動流程、場地配置，或早一點到場熟悉環境，都是準備的好方法。如果是較鬆散的活動流程，就建議先請教主辦單位有哪些人會去、或問問身邊類似領域的朋友是否出席，便能夠有定錨的效果。

往前坐、站上台

科技女性菁英頒獎典禮上，我是領獎者，座位已經被安排好。除了對方沒有事先跟我說要上台發表感言，害我在台上冷汗直流，但這卻是內向者比較占優勢的方式。這聽起來不太符合直覺，但**越是內向，越要往前坐；越是內向，越要上台講話**。往前坐可以讓自己容易被講者看到，上台則能夠省去一對一自我介紹、破冰的尷尬。

當天在台上的兩分鐘，我是這樣說的：「謝謝主辦單位！說真的，我不知道自己為什麼會在女性科技菁英的頒獎典禮，I'm not even in tech!（這時觀眾笑了出來）出門前我還在猶豫到底要不要來，剛好在跟一個美國男生朋友聊天，他問我『妳有手機嗎？』我說：『有啊，幹嘛？』他回：『You're in tech!』」（觀眾大笑）

「我想，女生們更應該要有男生這種心態，不要太客氣、太抗拒成為焦點，所以我來了。我在Give2Asia工作，我們過去幫助許多台灣偏鄉以及學生的科學教育，未來也希望幫更多台灣人，尤其女生，獲得科技教育。謝謝這份殊榮，台灣加油，女生加油！」

到活動最後的交流時間，不管我跟哪個陌生人打招呼，他們都認得妳是那個非科技背景的女生！用內向能量耗損指數來看，用上台的兩分鐘省掉後面十幾次自我介紹，真的太划算了，接下來，我將與你分享如何使用內向者的方式，輕鬆駕馭社交場合。

前進社交活動

我上美國企業顧問、作家、行銷公司創辦人伊莉絲（Ilise Benun）主講的「內向者職場指南」[1]線上課程時，發現班上有一位金髮帥哥同學——眼神清澈、講話沉靜，渾身散發出一種高貴而略帶憂鬱的氣質，儼然是校園青春片裡女生會倒追的那種角色。看到他的當下，我心裡只想著：「這種人來上課幹嘛？這種顏值大家都會貼過去，根本不用什麼職場指南好嗎！」但這位型男在第一堂課就表示，如果到一個充滿陌生人、或要聊陌生話題的地方，他就會變得非常沒自信，害怕一犯錯或講錯話，這些陌生人就會覺得他不夠好。

社交場合對所有內向者來說，就是這麼可怕的地方。像戰鬥、像照妖鏡、像不得不參加的整人節目，你會在事先花一個禮拜焦慮、糾結、思索著要怎麼逃避；天人交戰一番後到了會場，三小時就像是漫長的三十天，你故作輕鬆、強顏歡笑、用盡力氣展現幽默、活絡氣氛，直到離開會場後終於氣力放盡，只想回家倒頭就睡。你一邊疑惑歷史上到底是哪個吃飽太閒的傢伙發明這種場合，一邊盤算著距離下次因為工作、家庭、好朋友湊咖而得要參加的社交場合還有幾天。

為了融入社會，我們也不是沒有努力過：在家裡練習社交技巧、逼自己參加活動之外，只要上網看到「三分鐘人脈術」或「輕鬆聊出好交情」這種標題，食指都會滿懷希望地點進去，但通常幾分鐘之後又悲傷地關閉視窗。常言道：「三折肱而成良醫」，我雖然稱不上醫生，但經過那麼多次挫折，也逐漸體會出為何這類文章對內向者的效用有限。如何應對進退並不是讀些文章、背誦些準則就可以搞定的，眼睛要直視對方、面帶微笑、以強而有力的握手留下好印象……這些我都知道，但我就是講不出話來呀！而且無論多麼輕鬆的聊天法都得硬著頭皮不斷地練習，缺少訓練只會漸漸忘記教戰內容，最後還是要回歸原點。

近年來，我常到各種場合分享，無論是十數人的企業社團或數百人的公開場合，最大的挑戰不是上台講話，而是上台前和下台後要怎麼與別人互動，尤其當我帶著某些內在期望，例如希望可以募到多少款，或後續可以與哪位貴賓合辦什麼活動時。剛開始時我常常發窘，只能扭著衣角微笑。

在累積許多傷痕之後，漸漸有人在初次見面的社交場合用「活潑、陽光、腦筋動得很快」等不可思議的詞彙形容我（很心虛，可是好虛榮呀）。如果你也是個內向者，我倒可以分享把社交場合變主場，或至少不會是戰場的實用方法。

如何決定要不要去？

「決定是否參加」應該是最重要的一件事，**除了少數非去不可的場合，我們永遠可以有選擇**。話說某一回，我們發現某國的業務範圍被競爭對手強力入侵，不僅直接進攻我們的夥伴和客戶，甚至大張旗鼓地舉辦餐會、踩界插旗。我知道後，馬上向美國總部的一級主管及執行長討論，當下便決定要籌辦另一個更大規模的活動，還以顏色。然而該國家的負責人也是個經驗老道的內向者，收到我們的結論後，隔天便寫了一封條理清晰的信來說明為什麼現在辦活動不是最好、最有效率的方式，並提出他的應對作法——

一對一鞏固與擊破。經過一番討論，執行長被說服了，以現有的資源與那位同事豐沛的人脈，精準而務實地鞏固的確比較有效。

從這個例子中可以發現，**如果替代方案能夠提供同樣的效果，甚至更好，沒有什麼事是非做不可**。這道理也能夠運用在評估「是否參加社交場合」一事上。

參加社交場合前，你可以這樣問自己

- 非去不可的理由是什麼？
- 主辦單位是誰？有誰會去？多少人參加？
- 這場活動與我（我的工作）有什麼關聯性？
- 與會者當中，有我認識的人嗎？
- 除了社交外，在那個場合還可以做什麼？

秉持正面的心態

有一次與某位話題人物吃飯聊天，不管聊到什麼話題，她都表示：「我有朋友可以幫忙。」我非常好奇地發問：「我們年紀明明差不多，妳怎麼有辦法結識這麼廣的人脈？」她真誠地回答：「其實我後來發現，用交朋友的心態出發就好，不要一開始就想著要從別人身上獲得什麼。」在職場社會打滾了一些年，的確有很多時候容易落入「認識的人數等於人脈」的迷思，若一開始就帶有某種目的性，反而更難看到他人的潛質。

不過對內向者來說更深層一點的擔憂是，光想到要和一屋子陌生人相處兩小時就頭皮發麻、雙腳發軟了，根本不會去想到「目的性」呀！實際上，如果你真的很不想參加社交活動，每個明眼人都看得出來。

社交行銷顧問約翰．科爾科蘭（John Corcoran）建議這時不妨回到初衷自問：「我為什麼要去？」是為了交差、開眼界，還是為了在工作上或人生中更好的發展？如果連半推半就的動機都沒有，還是別去了吧！在家看點書也會有不錯的收穫。

請拋棄「真討厭、不想去、如果不是為了建立人脈，我才不會出席」的被動心態，秉持正面的態度，試想「去了，可以遇到好久不見的朋友，或許還可以遇見幾個聊得來的人。」或是「去聽聽看其他人講什麼，或許我也有可以幫忙的地方。」如果都已經決定上場了，可以用蘇珊．傑佛斯（Susan Jeffers）在其著作《恐懼OUT：想法改變，人生就會跟著變》[2]中建議的心態——不管發生什麼事，我都可以處理。

預先設立目標

《內向企業家》[3]的作者貝絲．畢羅（Beth Buelow）建議先想好參加活動的目的是什麼、想獲得什麼樣的經驗、想練習什麼樣的技巧等等，無論是想知道業界訊息或想練習如何和強力握手，你都可以在心裡先設好目標。**這種目標不用太遠大，但最好要夠具體**，例如：今天要認識一個陌生人、換到一張名片。太大的目標只會讓自己更卻步，而不具體的目標則無法評估成效。設定合理、可評估的目標，加上達成後的成就感，就會形成正向循環。

我有次參加來自四十七國、一千多人的超大型社交場合，連續幾天的晚宴、雞尾酒宴會，全部都是沒有座位、大家拿著食物酒杯站著聊天那種。面對滿屋子陌生人，每次踏進會場之前我都頭皮發麻，但我提醒自己不喜歡的話可以隨時走沒關係，今天的目標是跟一個人講話就好。因為給自己這樣的彈性、心理負擔降低，再加上充分利用活動專用資訊先篩選對象，最後效果反而很好。不僅完成執行長給我的目標，還額外開發了四個國家的客戶。跟其中一位美國籍執行長相談甚歡、敲定跟他旗下三百多個非營利組織的訓練課程、又天南地北聊了許多之後，他說「謝謝妳來找我，我是內向者，這種場合真是太可怕了。」

適用於社交場合行前準備的實用建議

・照顧好自己

參加社交活動非常需要能量，建議活動前後都要多休息。另外，需要活動前暖身的人，也要早點到場暖身，以我為例，每次參加陌生場合的活動，我都會提早至少半小時到場，除了可以事先熟悉環境、了解流程，讓自己有些心理準備外，主要是可以找個不受打擾的庇護所（例如洗手間）整理儀容、對鏡子練習微笑、自我催眠。就像進入遊樂園鬼屋，只要知道鬼會在哪裡出現，並相信自己的勇氣可以克服一切，問題就簡單多了。

・知己知彼

參加社交活動前可以「先狗仔」，噢，我是說上網搜尋一下參加者的背景，同時也要準備好介紹自己的方法，例如「我是某某，與某某人在某某公司上班，我主要負責什麼樣的業務，最近在忙（或目標是）什麼什麼，我很期待這件事完成後可以離什麼樣的夢想更進一步」賽門．西奈克（Simon Sinek）在其著作《先問，為什麼？》[4]中說，「我們沒辦法跟有影響力的人連上線，就是因為我們講太多自己在做什麼、怎麼做，但人家真正會有興趣的，是你**為什麼要做**。」

・先想好「如果續攤……」

天下無不散的宴席，但如果正和大人物或正妹聊到興頭上，你應該不會想放棄這個大好機會吧？那你就要先做好功課，在恰當的時機說：「附近有家很有特色的咖啡廳，要不要一起去看看？」會比直接要LINE帳號更有乘勝追擊的效果。

如果你捨不得離開一屋子的潛在VIP，奉勸你要「重質不重量」。面對現實吧！我們都知道，內向者沒辦法像花蝴蝶般滿場飛舞，掌握眼前的機會比漫無目的地亂抓更有效益。

・找好撤退的方法

曾經參加過深山豪宅裡的派對，散場時，所有的計程車不是迷路就是拒載，讓半屋子酒酣耳熱的紳士淑女尷尬不已。無法優雅退場，一定會毀了整晚的努力。作家羅莉・希格提醒：「事先想好離開的話術，甚至先安排好暗樁在某個時間打電話來拯救你離開現場。如果是搭別人的車去，身上記得帶點錢，想離開時可以自己搭計程車。」

・穿著亮眼但不誇張

有人說：「要成功，就要比別人多百分之十的努力。」參加社交活動也是，Real Men Real Style形象顧問公司執行長Antonio Centeno就建議：「要穿得比在場的其他人好看百分之十。」不要跟人家差不多，不然很難顯得亮眼；但也不要穿得太誇張，只會把大家都嚇跑。此外，還要注意名片有沒有帶夠、LinkedIn履歷檔案更新沒、手機是不是充飽電。

輕鬆駕馭

你現在正站豪華宴會廳在門口，門內有漂亮的自助餐擺盤、斟滿香檳的酒杯，還有輕快的音樂。你要面對的是一屋子陌生人，各個都穿著正式又具有個人特色的服裝，且舉止優雅、談笑自若。你準備好要進場了嗎？我們可以這樣開始。

適用於社交現場的實用建議

・慢慢融入

不需要強迫自己非得光芒四射地出現在會場中（這通常由青春電影裡女主角負責）或到處寒喧握手（這任務屬於民意代表）。你只需要用自己感覺舒服的節奏，慢慢地用一個微笑、一句招呼或關心問候融入會場，逐步熟悉氣氛、環境，便可以減少能量消耗。

・準備好口袋話題

作家唐・蓋伯（Don Garber）在《話怎麼說》[5]一書中建議：「先

準備好一些自己聊得來的話題，例如最近在看什麼書、去過的好餐廳或放假時發生的趣事。對商務人士來說，出差經驗（如異國的天氣與食物）、工作心得、產業現況都是不錯的話題。」記住，這些都是墊檔用的口袋話題，妳可以從開放式、最好可以帶出共同話題的輕鬆主題下手，像是：「你怎麼知道今天這個活動的？」或先聊些自己的事，讓對方順著接話。

• 幫忙主人

可以主動詢問主辦單位或主人有什麼可以幫忙的，像是裝設電腦、測試投影片、協助報到或準備飲料等，「幫忙」永遠是我最喜歡的參與方式。

另外，可以試著不要把焦點放在自己身上，與其一直想「好無聊、好痛苦、好想走」，倒不如注意會場中、談話圈中的賓客，並盡量用微笑、點頭、眼神接觸表示支持與傾聽，也許還可以順便解救另外一位內向者。

• 聚焦在小組對話

與其在一大群人中找到自己的聲量，一對一到一對三的小團體對話更適合內向者。如果想加入一個已經在進行的對話，不要貿然插入，只要慢慢地靠近談話的小圈圈，大家通常會自動讓出位子給你，此時再找時機自我介紹或表示意見即可。

記得，你的重點應該放在「建立有意義的連結」，而不只是在這幾小時內收集到幾張名片。比起不醉不歸的執著，內向者較適合在氣力放盡離開前，並記得在離開前說：「謝謝您的分享，今天很開心認識您，讓我們保持聯絡。」畫下優雅句點。

有效率的追蹤

最困難的部分來了，如果你事先做好準備，場合中也舉止得宜，真的很不錯，但大部分的人最容易失敗的部分在於「事後」什麼都沒做！

我遇到過的政治人物，無論在什麼場合，只要交換過名片，之後會不時接到他們的信件、簡訊問候。當然，一般人不需要、也沒有力氣如此鋪天蓋地追蹤，對我們來說，有效掌握關鍵人脈比增加通訊錄裡的人數還要重要。那麼，我們是應該寫封有禮的電郵給對方說：「很高興認識你」嗎？通常百分之九十五的人不會回信，另外百分之五的人可能會回，但也就這麼一次。

請注意，我們要的是有系統的持續性效果，在往返過程中持續增加對方對你的熟悉度和信賴感，這不是每個禮拜分享笑話、或好幾個月以後突然發信給對方說：「我們公司的某某產品現在特價，你可能會有興趣！」能辦得到的。約翰．科爾科蘭在著作《靠人脈增加收入》[6]提到幾個方法可以達成有效的後續追蹤。

適用於社交活動之後的聯繫建議

・建立追蹤行程表

對內向者來說，書面聯繫比面對面社交容易一些，最困難的部分都過了，沒道理在這關放棄。建議活動結束後，馬上將名片分門別類整理好，根據對方的產業、職位、與自己職涯的相關度、說話投緣程度等，設定多久要與對方聯絡一次，以及如何聯絡。

• 介紹互相認識

這是一個不用想話題的絕佳方法！把自己人脈中相關的人互相介紹，通常你和對方的關係就會持續升溫；簡單來說，就是**提供自己的價值**。如果還可以幫對方宣傳，例如分享對方單位所舉辦的研討會或推薦對方公司最近的優惠活動，效果會更好。

• 積極使用社交媒體

部落格可以讓對方快速了解你的成就與能力；LinkedIn則是強大的職場社交工具，盡量加入團體和聯絡人，「圈圈」越大越有影響力；還有台灣人常用的臉書，雖然有人覺得比較不正式，但如果運用得宜，多分享產業相關訊息，少放些個人情緒內容，其實可以當作快速拉近彼此距離的方法，放上照片也可以幫助對方記得你的長相。

說到分享有用的文章，雖然容易，但要小心操作，不然很容易有反效果。CNN曾調查指出上班族平均一天會收到八十五封電郵，如果不確定你分享的資訊是對方會感興趣的，還是三思吧。

不要怕！

每個人的個性、特質都不同，而社交方法就跟穿衣一樣，需要不斷地嘗試，可能還得花掉不少學費，才能找到最適合自己的風格與樣貌。

二〇〇九年，美國送餐服務公司Nu-Kitchen[7]剛起步時，創辦人布萊恩．詹尼斯科（Bryan Janeczko）想盡辦法要提高公司知名度，而當時影集「慾望城市」大受歡迎，背景剛好在紐約，布萊恩和合夥人便鎖定女主角莎拉．潔西卡．派克，希望能夠邀請她代言，但卻不知道如何聯絡她。湊巧在一次社交活動中，布萊恩認識了百老匯的導演傑瑞．米邱（Jerry Mitchell），再透過傑瑞認識百老匯明星馬修．包瑞克（Matthew Broderick），馬修正是莎拉．潔西卡．派克的老公。

在馬修使用了這款送餐服務一個月後，布萊恩問馬修是否可以也請他老婆試用看看，莎拉答應了，一個月後，馬修和莎拉都同意用他們的名字宣傳Nu-Kitchen。三個月內搞定兩位代言人，銷售自此成長二倍以上。這是個六度分隔理論[8]的故事，你也可以把它看成透過人脈談成的行銷案例；布萊恩爾後也公開分享了他的社交經驗與心法。

普遍受用的社交法則

- 利用社群媒體找到對的業務開發對象，參加對的社團，在網路上積極發聲。
- 認識人時，不要馬上斷定對方對你有沒有用，很多時候，當下以為一點幫助都沒有的人，最後會變你的救世主。
- 不要害怕把目標訂高，比如找明星代言，因為——他們也是人。

1 —— 原文名稱為：Don't Get Pushed Around: An Introvert's Guide to Getting What You Need at Work

2 —— 原書名為《*Feel the Fear and Do it Anyways*》，繁體中文版由久石文化出版。

3 —— 原書名為《*The Introvert Entrepreneur: Amplify Your Strengths and Create Success on Your Own Terms*》

4 —— 原書名為《*Start with Why: How Great Leaders Inspire Everyone to Take Action*》，繁體中文版由天下雜誌出版。

5 —— 原書名為《*Talking with Confidence for the Painfully Shy*》

6 —— 書名為《*How to Increase Your Income in 14 Days by Building Relationship with VIPs*》

7 —— 從紐約發跡，提供客製化的健康餐食配送到府服務。

8 —— 泛指世界上任何互不相識的兩人，只需要很少的中間人就能夠建立起聯繫。在業務導向的工作中常被廣泛引用。

站上台吧！不會比閒聊更可怕

東南亞二十八度的春天裡，我在馬尼拉金融中心，坐在氣勢宏偉的的國際會議廳裡冷汗直流。這是一場國際研討會，必須與來自近三十個國家的企業代表、學者專家、非營利組織領袖一起商討如何預防與解決日漸頻繁的天災。

偌大的舞台背後是整片深藍色的絨布，優雅得彷如夏日的夜空，典雅莊重的實木講台矗立在舞台左側，像漂浮在無邊大海中的一葉扁舟。「等一下我打死都要躲在講台後面」，我心裡如此盤算。三天的緊湊議程中，我被安排在第二天的午後上台；眼看著台上各國的演講者專業、冷靜、有條理，甚至語帶幽默地講述各國對付天災的經驗，馬上就要輪到我，我腦中不斷地出現那個問題──「這誤會太大了，我為什麼會在這裡？」這場研討會對我來說本身就是一場天災，太諷刺了。

回想兩個月前，我答應主辦單位幫忙主持論壇，因為他們說：「論壇主持人只要負責引言、串場、問答、結尾，加起來講話時間不會超過十分鐘。」但接下來的兩個月中，我都想拿自己的腦袋撞桌子，怪自己為什麼要接下這個工作，「全程都要講英文、天災根本不是妳的專業，而且台下都是大老，妳有想到嗎？全場只有妳一個臺灣人，萬一做不好，全臺灣都會丟臉，妳知道嗎？」準備期的每一天，我都想寫信給主辦單位說──我那天可能會生病，或因為行程的關係，當天將無法出席……，很不幸地，最終我還是沒膽這麼做。

事都還沒臨頭，我已經開始戒慎恐懼地查資料、戰戰兢兢地準備講稿和幽默的結語，接下來就是瘋狂背誦講稿，我無時無刻都在背稿，打包行李、候機、吃飛機餐時，就連陷在馬尼拉的瘋狂交通中也不忘念念有詞。明明只需要十分鐘，感覺卻像總統發表就職演說一樣緊張。輪到我上台時，美國同事特別走過來握住我的手，說了聲「祝你好運」，跟他溫暖的大手和輕鬆的笑容比起來，我的手心溫度像吸血鬼、表情像僵屍，只能語調生硬地道歉「對不起，我手好冰，我好緊張。」同事還是一貫地微笑：「冰死了！但妳一上台就會超殺，我知道。」印度同事也走過來摸著我的臉頰說：「親愛的，別擔心，去給他們好看吧！」

他們的鼓勵好像有點效果，嗯，大概三秒吧。這個狀況相信你也不陌生，接下來提及的幾種觀點與方法，對於看似不喜在眾人面前說話的內向者，或許有點實效。

會緊張是正常的

與內、外向無關，公眾演說專家尼克．摩根（Nick Morgan）刊登於《富比士雜誌》上的文章表示只有百分之十的人不會害怕上台。而根據神經學家希歐．曹賽德斯（Theo Tsaousides）的說法，人類在面對威脅下會激發自律神經系統，分泌腎上腺素，準備戰鬥或逃跑，公眾演說就是這樣的威脅——心理上暴露於不熟悉的環境、不認識的群眾下。內向者更容易把公眾演說視為對名譽、形象的潛在威脅，加上缺乏經驗、害怕受到評論等情況，或是因欠缺技巧而感受到威脅性。

至於如何克服恐懼或羞怯，蘇珊．坎恩描述這是新大腦安撫原始大腦的過程。大腦中較原始的那部分（稱為邊緣系統，特別是杏仁核）會檢視環境中既有的威脅，例如附近有老虎嗎？我旁邊是掉下去就會粉身碎骨的懸崖嗎？我站在這麼顯眼的地方，會不會成為野獸的目標？而隨著演化，邊緣系統周邊演化出新的大腦區塊（稱為新皮質，特別是大腦額葉皮質），功能之一就是安撫恐懼。

演講者上台前的糾結，就是杏仁核發出「不要去，那是危險的地方，你會暴露行蹤，而且根本不清楚狀況，你可能會死」的訊號，大腦額葉皮質則表示「安啦，冷靜一點，保持淡定，你不過是上去講個話，沒有危險，不會怎樣」之下的拉扯。換句話說，這是人類生理機制演化的結果。**每個人都一樣，你沒有特別不行**。

《信心地帶》（*The Confidence Zone*）的作者兼專業演說家史考特．馬斯特利（Scott Mastley）說：「所有的演講者都會緊張，但好的演講者在上台前會提醒自己已經做好準備、過去的成功經驗，以及即將為觀眾帶來的美好經驗與訊息。」而面對上台的恐懼，有兩種有助於克服的方法，一種是脫敏，另一種就是意象訓練。

脫敏是不斷地讓自己暴露在恐懼的事物前，讓大腦中的杏仁核逐漸降低敏感度（譬如讓有懼高症的人常常爬高梯），當然，過程中必須仔細控制恐懼程度。說成「洪水猛獸法」或許更容易理解，像是學習跳傘來克服懼高症也許有用，但也可能反會造成負面記憶、恐懼和擔心，長期來說反而不好。

意象訓練則是在腦中進行正向增強，利用想像完美狀況，讓自己體驗平靜而美好的場景，進而補充能量、降低焦慮。常處於高壓狀態下的運動員即經常使用這種方法。

或許光用想的就很可怕，但只要跨出第一步，其他就會漸漸好轉。訓練過程中，要記得適當拿捏刺激的程度，太恐怖的特訓不僅可能造成反效果，害自己再也不敢上台，更可能會毀了自己的品牌。

慣例的力量

面對陌生的場合、不熟悉的觀眾、可能的突發狀況，另一種準備的好方法就是善用例行公事或固定儀式，進入狀況，就可以避免焦慮。

創造出許多不可思議的紀錄，被稱為「朗神」的鈴木一朗，就是這樣的典範。二十年來，他每天睡足八小時，早餐只吃咖哩飯，下午兩點進入球場按摩、暖身、直線跑步，四點半準時加入團隊練習，比賽結束後把釘鞋及手套擦拭乾淨，準備隔天的比賽。因為這樣的習慣，他不僅表現傑出，十幾年來在激烈的球場上不曾受過傷，直到二〇一七年的春訓，才因為和隊友相撞送進醫務室，造成當時一陣轟動。

有些人在上場前只聽同一首歌、有些人只用自己習慣的簡報筆、甚至喇叭，這樣的慣例，不但可以穩定心情，也會降低非預期狀況發生的可能性。對內向者來說，無論例行公事是什麼，企業顧問朵麗絲・梅爾丁（Doris Martin）和職場人力開發專家珍妮芙・凱威樂（Jennifer Kahnweiler）都建議兩件事——提早到場和單獨的留白時間[1]。提早到場可以讓自己有充裕的時間適應環境、檢視設備、避免因為遲到或交通延誤所造成的慌亂，通常主辦單位也會很開心主講人提早到場；而開場前的留白時間，則有助內向者做好心理準備、保存能量，以及進行意象訓練。

我習慣在演講前三個小時喝點咖啡、提早三十分鐘到現場確認場地狀況與設備，上台前會在洗手間或休息室裡獨處，複習簡報與做意象訓練，同時試著讓大腦額葉皮質說服自己等一下會很成功。如果是國際性的活動，我會仔細在名牌貼上臺灣國旗，這樣的慣例讓我有安全感與力量。

安排上台慣例的小技巧

・降低演講頻率

非不得已，我絕對不會在同一天安排兩場演說，那只會讓我筋疲力盡。但兩次演講之間的間隔也不要拉太長，以免生疏。

・區分型態，逐步練習

演講、廣播、錄影、電視訪問……都屬於公眾演說，但技巧不同。我通常會先擇一練習，比如強調現場氣氛的演講，等熟悉之後再挑戰另一種方式，像是較著重發音、語調的廣播。若在不熟悉運作與表現的狀況下穿插進行，只會因為熟練度不足、準備所需時間較長而讓表現的風險升高罷了。

・正面增強

內向者無時不刻都在反省，我每次演講後都容易陷入後悔，頻頻想著哪部分應該可以做得更好、哪部分不夠機智、哪部分練習時明明很順但現場卻出槌……，其實可以將反省的內容記錄下來作為以後的參考。同時也別陷在懊悔的情緒中太久，有時看看現場觀眾的正面回饋，無論是評分表、提問單，或主辦單位的鼓勵、過去我是連跟好朋友聊天都「話少」的人，從來沒想過自己會過著這樣「到處講話」的生活。一次驚嚇的演講經驗，是因主辦單位忘記通知我改提早半小時，當我拖著行李箱、拿著咖啡悠閒進場時，台上主持人正好宣布「大會三分鐘後開始」。少了準備時間的內向者，就像沒穿防彈背心的警察一樣，表面上看起來一如往常，但實際上非常脆弱。幸好腎上腺素飆升讓我馬上進入狀況，台下聽眾也反應熱烈，還被高層主管介紹到不同地方演講，算是安全下莊。經過這次驚嚇後，感覺心臟又更大顆了一些。只是暗暗希望這種會出人命的壓線，以後都不要再發生了。

回到一開始提到的研討會論壇主持，當時身體僵硬、手腳冰冷、只聽到心跳聲的我，深吸了一口氣上台，拿起麥克風，接下來一個小時，我腦筋一片空白，完全不記得發生什麼事。等回過神來，台下聽眾已經開始熱烈鼓掌。

下台後，日本代表跟我說：「妳看起來好冷靜又有自信，服裝也很好看。妳應該要覺得驕傲。」

馬來西亞代表說：「整場活動裡，妳的演講是我最專心聽的。」

義大利講者說：「我特別享受妳的主持——熱情、充滿活力，像新鮮的空氣。」

美國的同事看完直播後說：「妳的主持無懈可擊、熱情，結尾更是完美！」

一位尼泊爾演講者的太太跑過來，緊緊握住我的手說：「謝謝。」但這一切都比不上散場後，主辦單位執行長走過來說：「妳是臺灣來的，對嗎？做得好！」

1——出自《內向者的成功密碼》（朵麗絲·梅爾丁著）以及《內向工作人的沉靜競爭力》（珍妮芙·凱威樂著）二書。

上台前的準備

職場上，公眾演說的技巧越來越重要，不管是部門會議或對外演講，每個人都有機會遇到一群眼光盯著自己講話的狀態。之前整理資料時，赫然發現我不知不覺中也對群眾演講過上百場，從幾十人到幾百人，從一般民眾到重量級人物，從亞洲到美洲……，想想我的杏仁核跟大腦額葉皮質還真是辛苦，總是頻繁打架，如果有下輩子，它們應該不會想投胎到內向者的腦袋裡。

也因演說經驗不少，大腦額葉皮質已經訓練有素，可以有效安撫杏仁核，雖然每次演講前還是會想抓住洗手間的柱子不要上台，但憑良心說，若真要比的話，演講比閒聊還容易一些，畢竟演講是可以高度掌握的情境，只要不要有人突然衝上台，認真練習過後至少不會太差。如果你跟我有一樣的困擾，也許可以參考我多年累積的準備方法。

「被注意」是種優勢

相對於閒聊，演講其實是較好控制的，你會知道會場位置、議程內容、準備好的演講內容，也知道不會有人跟你對話或搶話，甚至還可以規定觀眾問問題的方式與題數，一上台就能夠得到觀眾們至少三十秒的注意力。

「誰想要被人家注意啊，就是這樣才恐怖好嗎！」想必你心裡一定這麼想。但閒聊時，你得一邊聽對方講什麼，一邊思索自己過去有哪些經驗可以提供，再一邊斟酌什麼時候開口，才不會不禮貌，也顯得比較有智慧，經過這麼多繁複的程序，才能獲得一個小團體的小小注意。

而上台演講，只要做好自己，全場就可以知道你要表達的意思。在此一前提之下，重點只要完美的準備，而這就是內向者可以操作的部分了。我很喜歡「百分之九十的努力，都發生在幕後」這個說法，從正面觀點來看，只要做好準備，包括了解觀眾、規畫建構、收集資料、設計簡報、一遍又一遍的練習等，這也是內向者相對擅長的事情，還沒上台前，就已經拿到九十分了（我的大腦額葉皮質真的被訓練得很好，對吧）。

然而同樣是公眾演說，二十分鐘的業務報告和一小時的收費演講，表現方式和準備方法完全不一樣。如何設計簡報架構？如何運用視覺輔助？如何展現肢體與語調？如何說個好故事？如何成功地讓觀眾接收訊息與行動？網路上已有許多文章可參考，市面上也有很多書可以學習，都能夠幫內向者做好準備。我個人受益良多的是充滿內向風格的《上台的技術》一書[1]。

面對每一場不同的觀眾

我有一段時間瘋狂迷上一個搖滾樂團，不僅看完每場演唱會，聽某首主打歌的次數肯定超過他們一輩子唱的次數，甚至熟悉到唱到哪個字，主唱會習慣性做什麼動作都一清二楚。但我也發現在一些演唱會上，主唱唱得比較認真，有些就比較混，我稱這個為「靈魂」。即使是從影片，觀眾也感覺得到靈魂。對內向者來說，有沒有靈魂的差別，遠從開始準備講題的那天就可以感覺到不同。

由於內向者的刺激多半來自內在，也就是自己覺得有沒有價值、意義；而非外在，諸如觀眾會不會喜歡。所以如果演講主題恰好也是自己所關切的，就會比較專心、比較有活力、比較投入，若不是自己也關切的主題，對內向者來說，就會比較耗費精力。然而，對專業的演講者來說，只要上台就該有專業的表現，職場激勵講師謝文憲說：「就算不真的用力，也要看起來很用力。」同樣的道理，政治人物、歌手都一樣，面對不同群眾，講一樣的政治理念，在世界各地巡迴演唱一樣的歌曲，不斷重複；但每一場，他們都要表現得彷彿這是唯一的那場，畢竟對觀眾來說，這或許就是唯一。

我曾經在美國巡迴演講一個月，整整一個月面對不同的聽眾講同樣的主題。講到最後，我精疲力竭，飽受折磨，開始覺得為什麼主辦單位不放影片或把錄音播放就好。我的夥伴發現我的狀況後隨即適時提醒我：「觀眾可能看不出來，但是我們知道妳累了，再撐一下！」從在那時起，我除了深深佩服每位巡迴演唱的歌手，也下定決心，即使是用撐的、用演的，也不能讓別人看出來自己的疲累。或者，你也可以透過下一個方法來保存能量。

接受自己的風格

站上舞台時，大家都想像自己的偶像一樣（無論是賈伯斯或歐巴馬），模仿他們的風格，希望創造一樣的舞台效果與魅力，這樣很好，除了一項小小的阻礙——你不是他！

我很喜歡一個與「做自己」有關的例子：柯林是個被評為十大新秀的年輕棒球選手，但三年過去，卻成為球隊頭痛的對象，他是個友善開朗的孩子，身體狀況也沒問題，球場上的表現卻與當初眾人想像的天差地別。心理諮商師發現柯林不同於大部分追求完美的頂尖球員，他個性隨和樂天，總是帶著輕鬆的微笑，但問題就出在他太在意自己和其他人的不同，因為高度要求自律，在追求完美的過程中，卻失去他原本的個性，連帶影響他在球場上的表現。諮商過後，柯林才接受自己的風格，知道成功的球員不只一種樣子，也從許多與他情況雷同的前輩身上獲得印證。選擇相信自己之後，旋即以黑馬之姿登上世界棒球的最高殿堂。

演講也一樣，每個人的風格都不同，有的人慷慨激昂、有的人溫和誠懇、有的人妙語如珠、有的人黑色幽默，對內向者來說，如果硬要演成某特定的樣子，只會落得跟柯林一樣的結果——演不好別人，也做不成自己。而且還累到不行，得不償失。

找到讓自己舒適的風格，才是內向者最能節省能量的方式。若平常的你講話是用百分之五十音量，上台頂多變成百分之六十，大不了請現場人員把麥克風音量調大；如果你喜歡冷靜分析，就不要硬逼自己搞笑，因為觀眾都看得出來。

至於要如何找到自己的風格，可以從過去經驗與小規模練習開始——哪一次演說比較成功、或我覺得比較輕鬆？為什麼我比較喜歡那次演講？大家喜歡的原因是什麼？了解原因之後多多嘗試，請其他人提供建議和想法，再慢慢調整，就漸漸會發展出自己的獨門心法了。

1 ——《上台的技術》為王永福著，商周出版。

不講話等於沒貢獻？

我在美國州政府工作時，有次參與一場州際的高層開會，會議室裡鋪著毫無瑕疵的柔軟地毯、天花板上有著漂亮燈飾，與會眾人穿著俐落的套裝與西裝，連聯邦政府也有派人來，顯然是個必須正襟危坐的重要場合，好死不死，我們團隊竟然遲到了！

如果可以掌控行程，遲到永遠是我最想避免的第一件事，但我那外向的主管，顯然很有辦法處理這樣的情境，帶著我們翩翩進入會場。

會議進入到討論階段，徵求大家意見時，我還沒有從遲到的愧疚中恢復過來，只想趕快結束這場開場就很不祥的會議。正當覺得可以收尾時，坐我隔壁的美國同事，同時也是一位女性律師，冷不防舉手發表意見，這舉動嚇了我一大跳，通常在這種注重層級的會議中，代表發言的都是主管，不會是我，更不可能會是她。好不容易撐到會議結束，我趕快把她拉到旁邊問：「妳還好嗎，發言就算了，我們事前都不知道妳要講什麼，怎麼會這樣？」想不到，她的回答更讓我大吃一驚。

「我也不想啊，可是我們開會已經遲到了，如果從頭到尾都沒有講話，更會顯得我們沒有貢獻。」

這種不講話等於沒貢獻的觀念，對我而言著實是一記當頭棒喝。不可諱言，大部分的時候我喜歡獨自安靜地工作，如果知道有一整段完整的時間讓我可以一頭栽進一件任務，而不會被會議、訪客、電話、經過的同事打擾，我會開心地想要拉弓慶祝。

然而，接下來的職涯中，我想盡方法讓自己不被困在那個「很安靜，感覺什麼都不知道的人」的刻板印象裡。我試了很多效果不錯的方式，但也不到讓人驚呼太神奇的程度，直到臉書出現。

選擇適合的社群平台

身為跨國遠距團隊的一員，最大的缺點就是沒有時間好好認識同事，我每天最常用的溝通方式就是視訊會議，有些網路基礎建設較不穩定的國家，甚至連視訊都沒有。

我們不像在同一間辦公室裡的夥伴，彼此可以知道對方今天穿什麼、心情如何、週末去哪玩……，我們每次會議都要先約好時間、訂好議程，努力在有限的時間內，精準地達成共識。雖然會議開頭還是會問候個兩句，但誰有心情了解你兒子第一天上學感覺如何，或參加哪個畫展大受感動之類的……，尤其美國的企業文化，有些同事真的就只是一起工作的人，大家追求的是有效率地完成工作之後早早下班陪家人，或從事自己喜歡的休閒活動。我突然覺得，或許對他們來說，我不過是個僅具任務功能的機器人。

想到這點後，我覺得「讓工作夥伴了解我這個人，而不僅是我的職務功能」是很重要的事，於是便開始擬定策略，展現工作之外的自己。目前效果最好的便是社群媒體，包括臉書、LinkedIn、Instagram、推特等。

重視隱私的內向者不妨利用平台類型進行區隔。我的歐美同事或朋友，通常都會把私人社群與職業社群加以區分。一般來說，臉書是用來與朋友交流的，會放上家庭照片、休閒活動等較私人的訊息，而LinkedIn是作為公事交流之用的，分享的內容清一色是產業趨勢或相關活動訊息。我甚至有美國朋友表示他們已經不太印名片了，都是直接連結對方的LinkedIn。

在台灣，因為LinkedIn較不普遍，社群媒體還是以臉書為主。經過分眾隱私設定後，就可以分享時事、研究或職場相關文章，並提供自己觀點，也可以展現自己在朝九晚五工作中不容易被發現的一面。

選擇平台也是個學問，社群媒體專家吉娜．卡爾（Gina Carr）形容推特（Twitter）像是雞尾酒會上的對話，簡短、速度快、無法深入，但可以獲得廣度，可能認識完全不同世界裡的人；而臉書就像是在朋友後院舉辦的派對，你與賓客之間有或強或弱的連結，用群組方式建立共感[1]。

有了工作之外的共同話題，在社群媒體上互動，效果不亞於面對面的社交，甚至有網友見面時，感覺彷彿已經認識許久，直接省去聊天氣的開場白，簡直完美！對內向者來說，這是個值得一試的策略。

另一個有效的平台是臉書社團。相較於以個人訊息為主的個人臉書頁面，社團比較像是有共通點的一群人互相交流的平台，大家都可以分享、交換意見。我加入的臉書社團不多，但會盡量與社團裡的人互動，即使沒有留言或發文，也會按讚。有次舉辦網聚，到場的都是有相同興趣的專業人士，當然免不了開場的自我介紹，當我緊張地站起來說：「我是Jill，我……」還沒講完，現場就一片熱絡「妳不用介紹了啦，大家都認識妳。」與其說這是一個用臉書社團建立自身能見度的案例，對內向者來說，也是一個可以省掉與初次見面者推銷自己的方法。

至於如何讓臉書更吸引人，我的方法不太專業，就是把背景換成我喜歡的棒球而已。我承認這招對美國人滿有效的，馬上就能拉近距離。對於優化臉書帳號的第一步，所有專家意見中，我覺得最中肯的是是專門研究大數據的哈佛經濟學博士，同時也是《紐約時報》的專欄作家賽斯（Seth Stephens-Davidowitz）的說法：「想要多些人到你的頁面嗎？放張好看一點的照片比什麼都重要。」[2]

用完整深度的文字表達想法

社群媒體雖然速度快、方便溝通，但對讀者而言，過去的訊息不好搜尋，當別人加你好友時，若前幾篇都剛好是娛樂性的文章，對整體形象而言就沒有加分的作用了。也可能不知道要去哪裡找正經的內容，而且版面設計不易閱讀、不能圖文並茂，只能一次嗑完一大篇文字。

內向者的文字表達是重要的武器，因此如果要透過書寫建立自己的影響力，建議除了社群媒體，也要與其他媒體交叉運用，如部落格、網站、網路專欄等。完整的表述自己立場，甚至是提倡理念。

用文字行銷對內向者來說，是比面對面推銷更有效的方式。我在職場女性平台CAREhER有一個固定專欄，一個月只有一篇長文，持續寫了一年多。雖然後來因時間關係無法繼續寫，但事隔多年，還是有人會從這些專欄認識我，了解我的立場、專長，甚至透過各種管道找到我，邀請擔任顧問。這種長文雖然創作時間較長，但因為不受字數限制，可以完整表達自己的想法、對事物的感情，以及與人之間的交流，在深度溝通上反而比社群媒體效果好。

喬治城大學助理教授卡爾．紐波特（Carl Newport）從來不用社群媒體，甚至認為大家都應該要戒掉社群媒體，原因之一就是「在社群媒體上創作太簡單了，以至於沒有市場價值。如果可以花長時間從事有深度、有價值的創作或研究，就算你沒有Instagram（相片為主的社交軟體），人家都還是會來找你。因為你的作品有市場價值」[3]。

保有私人空間

內向者很重視隱私，我其實也不喜歡把私事放上網路，不過工作的關係，很多「臉友」主動加我，剛開始，我只要沒見過面、不認識的人一律都不加，後來隨著私人臉書兼做里長辦公室的功能（提供與媒合公益資源等），自覺如果再這麼「閉俗」，會害很多人得不到幫助，才開始放寬交友條件。但其實只要經過細心設計，還是可以在對外溝通和保有私人空間中取得平衡，例如仔細分類發文對象，雖然需要定期花時間整理群組清單，但可以不用讓點頭之交知道自己內心私密的真心話。

以策略性達到有效率的使用

《內向企業家》的作者貝絲・畢羅（Beth Buelow）提醒，社群媒體有其優點，但本質上也是會消耗能量的。就像《從A到A+》的作者吉姆・柯林斯（Jim Collins）所說的：「科技是公司動能的加速器，而非製造機。」如果放太多心力在經營社群媒體上，導致無法專注本業，無疑是本末倒置。

社群媒體不是萬靈丹、無法取代人與人之間的接觸、用不好的話，還會花費太多時間精力在管理上，如果與直接業務關聯不大，如果它沒辦法讓工作更精準有效，那充其量也只是害我們分心的玩具而已。無論是投注的是金錢、時間或精神，為了達到有效率地運用社群媒體，貝絲・畢羅建議可以從這些問題加以檢視。

打開社交軟體之前……

・你的目標群眾在哪裡活動？

- 你希望多容易被找到？
- 你選擇的平台可靠嗎？設計對使用者友善嗎？市場占有率高嗎？可以讓我更容易分享我要傳達的內容嗎？
- 你選擇的平台重點是公司或個人，或兩者兼具？

1 —— 出自《用安靜改變世界：內向者的天賦、外向者的潛能，影響他人的6種內在力量》，珍妮芙·凱威樂著，繁體中文版由臉譜出版。

2 —— 出自《數據、謊言與真相：Google資料分析師用大數據揭露人們的真面目》，賽斯·史蒂芬斯-大衛德維茲著，繁體中文版由商周出版。

3 —— 出自卡爾·紐波特的TED演講，原標題為《Quit Social Media》。

話不多，但大家都會聽你說

布蘭登覺得身為內向者真的很衰，尤其在他所在的廣告業。如果以人來比喻，廣告產業大概是個喜歡抽大麻、跑趴的嗨咖辣妹，什麼都要好玩，要求速度、創意，不按牌理出牌。其實這些對布蘭登來說，都不成問題，畢竟他已經在業界待六年多，早就撐過來了，現在他最感到困擾的是開會，無論是例行性的業務會議或臨時召開的動腦會議，每次開會，他都覺得自己被淹沒在其他外向者中。如果是報告自己的業務內容，他有自信可以做得很好，但廣告人的動腦會議沒有一次只討論既定議程的，這就是布蘭登的惡夢，在那些無法事先準備的討論裡，他總是一邊傾聽、一邊動腦，想著該如何提出自己的想法，還不能聽起來太愚蠢，不然在主管心裡會被扣分。等到構思完整、鼓起勇氣要發言時，發現大家已經進行到下一段討論了。

雖然開會應該是上班族最討厭的事情之一，專案管理平台Wrike發布的工作管理調查中甚至有百分之二十四的受訪者認為開會是最阻礙他們工作的事，只有百分之九的人覺得他們開完會之後比較清楚知道要做什麼。但就現況而言，大家還是常常開會，難怪有本書就直接叫《開會爛透了》（Meetings Suck），在亞馬遜上面的評價一度高達四．八顆星。既然這個現象看似不會改變，那麼在會議上如何表現就更顯重要。

企業顧問艾維．凱伊（Avi Kaye）指出，無論企業大小、開會頻率，會議（尤其是績效評估會議）是晉升的最佳機會。主管可以藉由會議檢視團隊成員的表現、觀察他們有哪些進步，或是看團隊能夠從錯誤中學習到什麼。若是在會議中表現不佳，可能不僅失去利益，喪失讓老闆看到的機會，大家甚至會覺得你與會與否似乎差別不大。

在會議上創造有利於自己的情勢

內向者擅長準備，把戰線提前，可以為內向者創造戰略上的優勢。無論是什麼會議，一定要先知道主題與議程。如果是例行性會議，可以把自己要報告的重點先準備好，甚至先寄給主管與同事們，有點像是發出「我為了會議，已經做好準備了」及「這些是我的點子，別想在會議中搶走」的聲明。但要分享給誰、做到什麼程度，也是一門藝術。好比對綜藝咖來說，節目上臨場效果就是最直接的績效評量標準之一，埋的「哏」好不好笑、效果好不好，會影響製作單位要不要繼續給他機會。曾聽聞一位藝人剛開始時因為不懂這些眉角，會把精心準備好的哏在彩排時都排演出來，等到正式開錄時，前輩們就搶在他之前把他的哏用掉，他就沒哏了。因此，做多少、怎麼做，確實需要好好拿捏。

在走進會議室之前，職場人力開發專家珍妮芙．凱威樂建議內向者先設定核心戰略，思考兩道問題。

擬定會議作戰策略

- **這個會議上，我想要達成的目的是什麼？**
  是希望展現業績？說服老闆採用自己的提案？跟大家一起動腦想出新作法？解決緊急狀況？或只是去充人數，讓場面好看？
- **為什麼人家要找我與會？**

除了目的，還得想想自己這個會議中的角色，是要提供相關經驗？代替主管出席（現場有沒有決定權）？還是只是例行公事？找到自己的戰略與定位之後，再擬定被看到的方法。

有意義地刷存在感，被看見才有機會被重視

萬事齊備，只欠東風，進入會議室就是被看到的關鍵。職場專家認為會議開始五分鐘內要第一次發言，以確立自己在會議中的地位。然而這對我來說還是太困難了！如果你跟我一樣，或許可以試試企業顧問凡．尼爾森（Val Nelson）建議的循序漸進，先求有再求好——**先練習在會議中說出想法，再要求自己言之有物或積極發言。**

「不用言之有物嗎!?」會這樣問，表示你真的是內向者。看看隔壁的外向同事，他發表的論點都是立論清楚、邏輯正確嗎？有時候，他們也只是把腦中想的事情說出來而已，尤其邊想邊講是外向者的特徵之一。相對之下，內向者大多偏向完美主義，要找到

對的字、政治正確的表達方法，甚至跟別人的論點要有辦法承先啟後，才願意發言。

追求言之有物的代價，就是通常都來不及把想法講出來，自然就無法被看到、被聽到。至於要講什麼，可以學學我們的外向夥伴們——分享過去的經驗。內向者擅長將現況與過去連結，此時不用提出新想法，也可以提供其他人的參考資訊，有時候只是重複對方的話，或讓對方明白自己已經了解對方的意思……，**總之，就是要說話**。

另一個方法，就是利用肢體語言與空間移動。即使大家都一樣安靜坐在台下，但善用身體語言，例如身體向前傾、眼神交會、點頭的人，就會取得台上演講者更多的注意力。企業講師希薇亞．洛肯（Silvia Lohken）也提醒，開會通常是一群人，但是真正需要說服的高層決策者通常就只有那幾個、甚至一個人。在表達意見的過程中時，應該盡量以他為注意力重點，善用空間或位置上的移動增加存在感，例如進會議室時往前坐、發言時起立，或主動走到銀幕前方指著自己所說的部分，都會增加內向者被看到的機會。

最後，請記得，運用內向者優勢，問「好」問題。曾在連鎖餐飲界擔任高階主管，現在是企業顧問的芮內．波爾（René Boer）綜合她三十多年來的實務經驗發現，**會議中最受注目的，往往是問出最佳問題的人，而不是說最多話的人**。如果可以用精準的問題直搗核心，到最後，每個人都會把注意力放在你身上，「聽聽這個人要問什麼？」

為下次會議創造戰場優勢

如果你是主管，可能可以自行決定會議進行的方式；如果不是，按照那斯達克上市公司webMethods的共同創辦人凱倫．梅里克（Caren Merrick）建議，可以試著提議看看不同的會議方式。如果能夠發揮優勢，內向者也可以在會議中展現力量。

高效會議的組織技巧

・線上、個別動腦會議

把一群人關在房間裡面腦力激盪，實際上並無法達到產生創意的效果。心理學家認為這種結果可能是因為閒晃心態（讓其他人去想就好）、生產阻力（每次只能容許一個人發言，其他人只能聽），以及評價恐懼（怕說出來的觀點不被大家認同）。但如果改成線

上，或是每個人先單獨發想，把想法整理出來再一起討論，效果就會好很多。

・控制會議人數

亞馬遜執行長貝佐斯（Jeff Bezos）說出「兩個披薩」原則——如果兩個披薩不夠所有與會人數吃的話，就表示人太多了。通常與會的人數越多，會議的效率就越低，而這樣的策略，很適合擅長在小團體中聚焦討論的內向者。

・要求充分準備

貝佐斯不喜歡「一個人在上面講簡報，其他人在下面聽」的方式，他認為簡報方便呈現結論，但忽略論證所需的詳細資訊。亞馬遜的會議通常希望會議召集人印出六頁以內的企畫書，會議開始後，全部的與會者會先一起看企畫書，確保大家都看過了才開始討論。這樣的方式對內向者來說，也是一種可以事先準備與降低焦慮的方式。

Part

4

發揮天賦吧！
內向者的自我提升

內向者與明星光環

當明星或許是內向者最不擅長、也最不願意的事情之一。「偏偏老闆都喜歡明星啊！」你也是這樣想的吧？

球場是可以輕易把所有人表現攤開來比較的工作場域，根據知名運動作家、《魔球》與《攻無不克》的作者麥可．路易斯（Michael Lewis）的分析，明星球員卻不一定是得分率最高的球員，檯面上看起來的得分機器，實際上不過是投籃機會較多的緣故，必須犧牲其他得分機會才能夠成就傳奇。舉例來說，NBA邁阿密熱火隊已擁有明星球員韋德（Dwyane Wade），二〇一〇年又進一步簽下兩位超級明星：詹姆士（LeBron James）和波許（Chris Bosh）。記者會上，詹姆士在滿場歡呼中發下豪語——要連拿七年總冠軍。結果卻連第一年的冠軍都沒拿到，恰好印證了路易斯所言：「明星球員的價值總是被高估，普通球員的價值卻被低估。」

就在球迷大失所望的隔年，低調的尚恩・巴提耶（Shane Battier）加入了星光熠熠卻始終與冠軍無緣的熱火隊，並帶來翻天覆地的變化——邁阿密熱火隊連續兩年拿下總冠軍，取得NBA史上第二長的二十七連勝。他被評論家稱為「無冕明星」；當今最佳球員之一的詹姆士在比賽前會問他的意見；重要比賽時，球迷甚至會對教練咆哮：「叫巴提耶上場，他坐板凳，我們怎麼贏球！」巴提耶高掛球鞋退休後，還被回聘熱火隊，擔任籃球發展及分析總監。

巴提耶小時候的夢想是打棒球，但因為身材太高大而被選入籃球隊，並一路打到NBA，開啟長達十四年的球員生涯。當年剛加入NBA不久，巴提耶即發現自己的技術和身材條件遠不如其他人，所以早早就將自己定位為「我的工作不是要當最強的小前鋒，而是最能幫助球隊的小前鋒」。雖然巴提耶自認資質平庸，但教練們卻認為他是個「聰明絕頂，冷靜到像外星人」的球員，教練團分析各項比賽數據發現，只要他上場，每個球員的進攻與得分表現都會比較好，至於防守，或許擋不住柯比・布萊恩（Kobe Bryant），但只要有他在，布萊恩的得分率就會明顯降低。

巴提耶的特質，印證了成功團隊的定律——**比起追求成為焦點，更希望幫助團隊的人，才是團隊最大的資產。**

影響力不一定來自鎂光燈

長年擔任大企業顧問，亞當・葛蘭特（Adam Grant）年方三十六歲就已經身兼暢銷書作家、華頓商學院最年輕的終身聘教授、財星五百大企業顧問，甚至名列全世界前十名最有影響力的管理思想家、新世代全球經濟領袖，本身就是個超級明星，但他卻認為根本就不可能有真正的超級明星隊。無論是想踢進世界盃的國家足球隊、砸大錢行銷全球的NBA職業籃球隊，或一秒鐘賺進幾十萬上下的華爾街顧問公司，葛蘭特直言：「如果團隊中都是明星，才是注定失敗的團隊」，**真正的影響力不一定來自鎂光燈，即使不是萬眾矚目的內向者也能成為不可或缺的重要角色。**

亞當・葛蘭特總結出成功的重要特質——謙虛，此一特質容易表現於這三種面向：

・知道自己的缺點和不足
・將團隊利益置於個人利益之上
・永無止盡的學習

可見低調、謙遜、以團隊為重等特質是內向者得天獨厚的職場條件，對領導者來說，這種特質的可貴之處在於它具有影響力、會感染整個團隊的氣氛。當一個人看到其他人展現同理心、利他、不自私的行為，便會自然產生感激、欽佩之意，同時也會想讓自己變得更好。這就是團體中的道德提升（Moral elevation）效果。換句話說，如果團隊中有個像巴提耶這樣的成員，不僅團隊整體績效會提升、氣氛也會變得更和諧、互助。具體的例子就是資源超少的巴特勒大學（Butler University）籃球隊連二年打進NCAA總冠軍戰。巴特勒大學的教練堅持只挑選「團隊優先」的球員、全隊更是把「團隊至上」掛在嘴上、穿在身上、刻在體育館牆壁上，如果不認同這種「巴特勒之道（Butler way）」只能離開球隊。

可是職場上沒有計分板、沒有統計數據，如何讓老闆明白你的貢獻呢？不妨適時來點謙虛地吹噓吧！（請見P.99〈如何優雅地自賣自誇？〉）

再回到「老闆都喜歡明星」這個觀點，我們來看看會砸一百億台幣聘用一個人、把「性價比」算得比誰都清楚的產業——美國職棒大聯盟。二〇一四年，邁阿密馬林魚隊才以天價簽下重砲史坦頓（Giancarlo Stanton），未料短短三年後，大聯盟卻有了天差地別的變化，球隊不再花大錢簽球星，簽約市場極度冷卻，大牌球星們談不到好價錢，被迫降價屈就不說，甚至球季都快開打了，還有很多A咖球員找不到落腳處。

棒球文學作家，也是行銷公司分析部門資深暨行政副總的方祖涵分析主要原因，就是在統計分析和計算各項精密數據之後，發現比起將銀彈投注在明星球員身上，不如拿來簽下更多中堅球員比較划算，而且每個球隊都得到同樣的結論。

不只職業球隊，其他產業也有同樣的趨勢，如華爾街和矽谷也都漸漸走出對明星經理人的迷信，搭配客觀、完整的績效評估，雇主真正在意的是對團隊的貢獻度和實際績效，已不再是主觀的明星特質或光環。

這對內向者來說可好了，**找到自己定位、善用自己的特質、發揮優勢，內向者當然也可以成為不可或缺的要角，走出自己的發達之路。**

我剛剛表現得還可以嗎？

「如果你不是外向者，你天生就會覺得自己哪裡不對。」

這是知名電影明星，艾瑪．華森（Emma Watson）說過的話，內向者會想要演、覺得需要修正，除了社會期待所致，部分原因是自信心問題，打從心裡就覺得外向比較容易被接受、被喜愛，所以努力演成外向者，想為自己爭取一個比較有利的位子。我也想起美國著名脫口秀節目主持人歐普拉的訪問經驗談，她在出席紐約的電視嘉年華論壇時表示，幾乎所有受訪者，包括前美國總統歐巴馬和天后碧昂絲，在訪問後都會問同樣的問題：「我剛剛表現得還可以嗎？」連歐巴馬與碧昂絲都想確定自己是否有影響力，看來大多數人擔心自己未能被好好理解，似乎也很說得過去。

大部分人都兼具內向與外向兩種特質

內向、外向並非絕對的二分法，而是比較接近常態分布呈現的鐘形光譜。人格心理學家羅伯．麥可瑞（Robert R. McCrae）與保羅．柯斯塔（Paul T. Costa Jr.）的著作《從五因素理論觀點檢視成人時期性格》[1]指出，其實多達三分之二的人都是同時擁有內向和外向特質的中性性格者（Ambivert），亦即在某些狀況下會安靜寡言，某些時候卻又熱力充沛；有時追求成為目光焦點，有時又只想躲在後台。正是因為同時擁有兩種特質，更具有說服力與影響力，在職場中尤其吃香。

華頓商學院教授亞當．葛蘭特（Adam Grant）研究三百四十位職場工作者後，進一步分析擁有這種兼具內外向性格的人，不僅口若懸河，也會用心聆聽，所以能夠斬釘截鐵地說服客戶，但並不會顯得過度自信[2]。亞當甚至認為**最有效率的領導者不是內向者或外向者，而是隨著學習，逐步修正為中性性格的人**。

現實生活中，我認識一位女性創業家，她堪稱外向者的典範，舉凡顧問、法律、醫療、媒體產業都經驗頗豐，外型亮眼且英文流利，常常往來各國之間開發業務，我還沒見過她聊不開的人。直到有一天她接到某項活動邀約，第一時間竟然是問我可不可以代表她去，不僅如此，還繼續問我：「以後妳當這個品牌的臉好不好？我比較想在幕後。」

另一個例子是我的美國朋友，擔任行銷總監的她，講話速度飛快、活力充沛，總是亮麗又時尚地出現在各種場合，她知道我在寫這本書後，非常興奮地說：「天啊，我也是內向者！」（當下我心裡的OS是：「內向者才不會這樣說話好嗎？」）

但和她漸熟之後，發現她還真的是個內向者：派對總是最早離開、臉書上的活動照片都是跟狗和少數家人的合影，連來台灣找我玩，也是早早排好行程，並自己上台鐵網站訂好火車票，十足的內向者準備風格。

很少人是完全內向或外向者，好好發揮自己所擁有的兩種特質，才能做最好的自己。如果你對中性性格者有興趣，可以上網進行丹尼爾・平克（Daniel H. Pink）的線上測驗（http://www.danpink.com/assessment/），共十八題，約需三到五分鐘。

你是「證明自己」，還是「發展自己」？

史丹佛大學心理學教授卡蘿．杜維克（Carol Dweck）在其著作《心態致勝：全新成功心理學》[3]中，提出兩種不同角度的思維，一種是定型心態（fixed mindset），另一種是成長心態（growth mindset）。

定型心態相信人的能力與才智是固定的，因此總是在意他人的眼光，想要證明自己的能力，以及會刻意掩飾甚至忽略自己的不足，他們會用盡方法想取得所謂的成功。在人際關係上，會認為只有找到對的、完全匹配的夥伴，才能有好的團隊或婚姻，因此會捧著固定標準的「玻璃鞋」去尋找夥伴。

至於成長心態則認為每個人的才能，包括智力、情商、溝通技巧等都是可以培養與改變的，重點不在於證明自己，而是在發展自己。因此，懷抱這種心態的人不大會逃避挑戰，反而會將挑戰與失敗視為提升自我的機會，即使目前能力不足，也可以透過學習與練習而獲得進步。在人際關係上則會尊重每個人的個體差異，也正視彼此的優缺點。與其找到相互匹配的夥伴，反而更傾向於想辦法彼此磨合，找到一起發揮的方法。

研究證實，定型心態會讓人停滯、無法成長，當人們越是急著證明自己、躲避失敗的同時，也會錯過許多由犯錯而學習成長的機會。如果自認為「反正我天生內向，我就是無法應付這種場合、這種工作環境、這種職務性質、這種老闆、這種同事……」那就是掉入定型心態，不僅會失去自信心，還會失去許多挑戰與提升的機會。如果你堅持「忠於自我」，最終只會限制自己的潛能，而將能力限縮在既有範圍中，但如果行為方式越多，就越能因應生活中種種的不同情境，而減少沒有自信的狀態。

換句話說，如果平時就能表現內向者原有的優點，並在需要時將潛藏的一點點外向特質發揮出來，就會出現加倍驚豔的效果。對內向者來說，健康的心態應該是知道自己的優缺點、正視自己的狀態，在不勉強自己的情況下，學習挑戰新事物與陌生環境。如果透過「角色扮演」（偶爾裝外向）可以幫助你更容易跨出這一步，不妨試試看。

1——原書名為《*Personality in Adulthood: A Five-Factor Theory Perspective*》

2——〈重新思考外向銷售理想：中性性格優勢〉，亞當．葛蘭特著，《心理科學期刊》，二〇一三年六月出版，第二十四集第六卷。

3——原書名為《*Mindset: The New Psychology of Success*》，繁體中文版由天下文化出版。

創造自己「零的領域」

小時候，我很喜歡卡通《閃電霹靂車》，事實上，寫這篇文章時，我還一邊聽著這部卡通的懷舊主題曲。閃電霹靂車的故事是一群賽車手在比賽，不被看好的主角，一路挾著主角優勢成長、進化、過關斬將，把其他比他有天分、有毅力、有後盾的對手都打敗。就跟很多日本卡通一樣，演到最後，會進入一種近乎怪力亂神的誇張境界，而閃電霹靂車的誇張在於「零的領域」（the zone）。零的領域是一種精神狀態，卡通中的描述是只要進入這個領域，感官會變得敏銳異常，可以在零點幾秒內判斷出是否能超車，然後以毫釐之姿超越對手，類似心理學中的心流（flow）。

我們或許都有過這種經驗，工作到一個程度時，靈感如泉湧、下筆如有神，但隔天要再回到這樣的狀況卻沒辦法；或遊戲玩到一個程度時，完全憑直覺操控，大腦仿如漂浮狀態一般，一回神就已經幹掉魔王，但自己完全不知道是怎麼辦到的。

法國數學家布萊茲・帕斯卡（Blaise Pascal）曾說：「人類的悲劇，始於無法獨坐在一個安靜的空間裡。」美國康寶濃湯公司執行長道格拉斯・科南特（Douglas R. Conant）也說：「每當我有一些獨處時間來思考重要決策，往往都能得到最具創造性的想法。」許多傑出的工作者都曾在獨處的時間中描繪自己的夢想，並付諸實現；但不可否認，尤其在一般人的工作中，要創造這個領域太困難了。開放式辦公室、電話隨時會響起、同事用電腦播放搖滾樂、隔壁團隊成員沒事路過打招呼。大多數時候，我們的電腦總是開著多重視窗、同時跑好幾個程式，更別說成群結隊出現的未讀訊息。

我任職單位的總部座落在舊金山市中心的金融區，屬於典型美國西岸風格的外向辦公室。辦公室前天天都有「叮噹車」經過，辦公室裡則有透明隔間、新鮮水果和無限暢飲的高級飲料，公共空間裡成天播放音樂，三不五時還會收到各類小型商辦派對通知，歡迎大家參加。

聽起來很酷是吧！但對我來說，卻是極度糟糕的工作環境，每次去出差，我總要想辦法預約會議室，讓自己可以獨自在裡面待一整天，躲掉整天播放沒完沒了的音樂，以及隨時可以看到我在幹嘛的路人。

刻意安排安靜時間

內向者需要完整、安靜的時間來進行思考、創造，可惜這種獨處時光無法等到下班回家後再開始。一般工作者幾乎不可能有所謂的安靜時間，因為主管可能隨時會叫你，同事也可能隨時會請你幫忙，但在能夠辦到的前提下，我們還是可以盡量把干擾降低。許多看似基本的方法，都相當值得一試。

老派但有用的專注技巧

・特定時間才接收訊息

安排一段時間，關掉新郵件的即時通知、LINE、臉書，甚至關掉網路。不僅能讓自己專心處理重要的事情，也可以傳達「我不是整天都沒事，耗在電腦前等著回信」的訊息。安永會計師事務所的資深主管華納（Wanner）則規定自己每天只收兩次電郵，以避免分心，他告訴同事如果有急事可以直接打電話給他，事實證明大家也沒那麼急著找他。你可以安排早上第一個小時先專注處理當天最重要的事，這會讓你覺得「一大早就已經有工作成效了。」

・早起（或晚睡）

知名作家史蒂芬・金（Steven King）是這麼安排時間的——「我總是把早上留給我的新作品，下午就休息一下或寫寫信，傍晚用來閱讀，與家人相處、看紅襪隊比賽或處理急迫的事。」他把能量最高的早晨時間用來寫作，因為晨間是最安靜，而且剛經過一夜睡眠，腦袋得到充分休息，可以清楚地規劃與思考。

對職場工作者而言，在下午閱讀或看棒球賽是有點遙遠，但早起後無論是在家裡準備一天的行程，或在沒人的辦公室先進行當天最重要的任務，都是創造個人領域的方法。但如果你一直以來都是夜貓子，夜深人靜的凌晨或許才是你的黃金時間。

・創造個人空間

內向者常常很需要自己的辦公空間，並杜絕干擾，但往往只有主管級以上才有機會享受這樣的待遇。然而隨著科技進步，許多公司提供在家上班的選項，或允許不一定要每天都在辦公室待滿八小時。帶著耳機、筆電，到附近的咖啡廳一小時，或許能創造比待在辦公室八小時更有效的成果。如果非待在辦公室不可的話，也可以指定時段、預定一間小會議室，讓自己能夠心無旁騖地完成當天最需要思考或最具挑戰性的工作。

・**獨處**

擔心一個人吃午餐看起來很孤僻、沒朋友？婉拒同事邀約會充滿罪惡感嗎？我就常遇到這樣的狀況。然而經過一上午的消耗能量之後，可以的話，盡可能把握午休時間充電，我通常會到附近公園走走，或找個舒適、老闆不會太熱情的餐廳，坐在溫暖的角落，一個人看看書。

當然，迎新送舊、訪客飯局在所難免，有時候也真的很想跟同事一起吃飯，好好八卦一下，但午休時間獨處帶來的休息，實在是很棒的秘密武器。

・**轉換環境**

即使會議太多、行程太緊、時間太趕，找不到空檔獨處，也可以運用短暫的時間轉換環境，讓緊繃的精神彈性調整一下。譬如花個三分鐘泡杯熱茶，看水蒸氣緩緩往上飄，讓掌心感受馬克杯的溫度；或是起身幫桌上的植物澆澆水，看看窗外的天空，做幾次深呼吸；散步到大廳再走回來；或是戴上耳機，聽一首元氣滿滿的歌曲等，都能夠創造自己的小綠洲。或許時間不長，但只要能把自己拉出辦公室片刻，都可以在休息後感到煥然一新哦！

混搭至上的團隊合作之道

不一定要每個新進員工都做個性向測驗，「因為內向者和外向者其實很好分辨」蘇珊．坎恩這樣說。身為主管，最大的目標當然是善加運用團隊中每個成員的才能，最好的狀況就是一加一大於二，發揮綜效。許多研究都證明內向者與外向者混搭的團隊是最有效率的團隊，如何充分組合、發揮內向加外向團隊的最大戰力與效率，以及激發最佳化學作用，就是主管的工作。

可這其中又有不少管理智慧必須展現與拿捏：如何運用同一套機制同時管理與激勵兩種類型的工作者？如何讓內向者發表意見，又能讓外向者靜下來聽？哪種管理風格才能搭建可以讓兩種人互相合作的平台？實際操作起來，的確需要依團隊狀況，進行許多溝通、嘗試和調整。也許你可嘗試這些方法。

了解團隊成員

內向者和外向者的作風截然不同，雖然很好分辨，但管理上不見得容易。好消息是內、外向光譜呈現出類似常態分布的鐘形曲線，也就是大部分的人都兼具內向與外向特質，只是比例不同。

哈佛商學院教授法蘭西娜・季諾（Francesca Gino）認為「領導團隊永遠要從了解團隊成員開始」，有些人喜歡獨立作業，有些人做決定前喜歡眾人開會討論；有些人可以長時間進行單一專案，有些人擅長一心多用。主管在了解團隊成員的專長跟偏好後，才有辦法讓每個人發揮所長。無論是要決定獎勵下屬的方式、分配擅長的工作類型等，都得靠主管平日的觀察以及溝通。

開誠布公地討論、溝通

我在與許多職場工作者與管理者訪談的過程中發現，「雙方抱持著不同期待」應該是導致摩擦或最後分道揚鑣的前幾名原因之一。常聽到「工作內容跟當初說的不一樣」或「老闆根本是在要求我做做不到的事，他是想要把我變成另外一個人吧」之類的抱怨。有時候，內向者會比較不明顯，是因為社會化過程中，內向者已經學會穿上外向外衣，好在職場上生存。

比起搞清楚部屬究竟屬於內向、外向、外向中帶點內向，還是內向者演成外向，更好的方式，或許就是直接開誠布公、不帶偏見地討論，例如「在理想狀況下，你最有效率的工作型態是怎樣？」或「你可以參加社交活動嗎？可以的話，一週幾次是你可以接受的範圍？」藉由這類討論，可以大致了解每個人的偏好。過程中不要抱著預設立場，譬如暗示對方「我喜歡團隊待在辦公室，最好不要參加社交活動」，只要稍微有點經驗的職場工作者都會說出「我都可以配合」這種沒有實質幫助的標準答案。

彈性設計工作時間與方式

這裡的「彈性」並不是指挪動上下班時間，而是讓內向者與外向者都能夠運用自己擅長的方式來安排工作。例如：中午十二點半之前不能開會，同仁便可以利用上午時間獨自工作。我的公司則是讓同仁們每週有兩天在家上班，但盡量在星期三和星期五。

在家上班讓我們能夠更有效地運用自己的時間，規定日期則可以確保不會在需要討論事情時找不到人。說到底，這些規定都只有一個目的——提供彈性，讓大家可以選擇對自己而言最有效率的工作方式，如此一來，外向者有機會找人聊天充電，內向者也可以好好利用沒人打擾的時間。

鼓勵內向者發言、鼓勵外向者傾聽

西北大學管理學院教授黎恩・湯普森（Leigh Thompson）的研究指出，在一個六人會議中，百分之六十的發言都會落在其中二人身上；會議人數越多，這種發話集中的狀況會更嚴重。多數人花時間坐在會議室中，公司卻無法取得他們可以貢獻的想法，不僅表示會議已失去討論的意義，更代表資源浪費。如果要讓會議效果充分發揮，可以先提供與會者會議資料，規定大家會前先讀完資料，並事先說明會議中每個人都要貢獻想法。或是先跟團隊中最喜歡發言的幾個人一對一溝通，鼓勵他們傾聽、思考，並對其他人的意見保持開放心態。

如何與不同性格的人相輔合作？

歷史上，外向與內向者成功搭配的範例不在少數，從美國的小羅斯福總統與夫人愛蓮娜、臉書（Facebook）的營運長雪柔・桑柏格與執行長馬克・祖克伯、蘋果電腦的兩位創辦人沃茲尼克和賈伯斯、網壇的小威廉斯和姊姊大威廉斯……。然而，我曾訪過的兩位行銷經理，傑森和小洛大概是我看過最兩極的外向與內向組合。

剛開始被分配到同一個團隊中，個性南轅北轍的兩人幾乎找不到交集，看到這種情景，大家不禁開始擔心。小洛沉穩謹慎、不多話，但事情交到她手上就會像軍人一樣精準執行，她喜歡自己思考，可以有條理地對現況提出見解，同事久了都可以感受到她的貼心，但絕對不會用熱情來形容她。

傑森卻剛好相反，他熱情奔放，總是活力四射地跟每個人打招呼、天南地北地聊，他的腦袋就像爆炸的宇宙，可以瞬間產生無數天馬行空的創意，每個交到他手上的客戶最後都會變成好朋友，同事也喜歡跟他打交道，甚至整棟樓的人幾乎都認識他。傑森就是人脈王、公關咖，平常會主辦大樓裡的乒乓球賽、週五下班後會邀集不同部門的人一起去唱歌，有時甚至連去倒個茶都要花掉半小時，因為太多人要找他聊天。

傑森每次舉辦活動都會禮貌性地邀請小洛，但她從來沒有出現過；小洛午餐時間喜歡自己獨處，或只跟另一個要好的女同事一起吃飯。他們兩個人幾乎沒有過公事討論以外的交流，就算是公事，也是就事論事地討論，在傑森還沒開啟閒聊開關時，小洛就轉身離開了。傑森覺得小洛難以親近，不知道在想什麼，甚至好像什麼想法都沒有；小洛覺得傑森總是心不在焉、譁眾取寵、難以深入討論溝通。

從個性、偏好、到做事方法與溝通方式，都顯得兩人八字不合，這個組合一開始確實讓人捏把冷汗。主管決定先讓這兩個人一同籌劃內部教育訓練看看，老實說，大家對他們的合作完全不抱任何期望，只盼活動辦得出來，兩個人不要翻臉就好了。

出乎意料地，在籌辦活動的過程中，經過頻繁討論、長時間相處與磨合後，他們似乎找出適合的合作頻率，將內部教育訓練辦得有聲有色，讓大家跌破眼鏡！主管豪賭成功後，彷彿挖到寶，越來越放心把重要案件交給這兩個人，原本看似井水不犯河水的兩條平行線，現在是效率最高、最讓人安心的團隊。

外向者的觀點

傑森是這樣說的：

小洛決定事情時會想很久、很細，有時候覺得她有點神經質。我只要一有很厲害的想法，她會想很久之後，才慢慢地說出一句開頭是「可是」或「我擔心」的句子。當下整個感覺都沒了！但是，我發現她會把我的想法記在心裡，我在十分鐘裡丟出來的五個想法，隔天這些想法或許就會以完全不同的樣貌出現在我們的討論中。那些還是我的想法，但小洛可以把它們整合、發揮得更好，連我自己都想不到可以這樣玩。

小洛也很樂意做那些我討厭、瑣碎的事，譬如把想法寫成企劃書、檢查格式和錯字、按部就班地追蹤專案進度、一一確認每個環節。她甚至還會顧及其他合作廠商的感受。之前覺得她冷漠、有距離感，相處久之後，發現她是個細心體貼的人，當然啦，這是她真的把你當作朋友的話。

我還是會偶爾邀請她參加派對啦，只要跟她說她認識的誰也會去，她可以早走，她出現的機率就會比較高。總之，就是給她時間和空間，讓她權衡。如果逼她參加派對的話，她一定會逃走的（笑）。

內向者的觀點

反觀小洛是這麼說的：

傑森朋友很多、事情很多、想法很多、講話很快，很難抓到他到底在想什麼。有時候，討論到一半，他就會跟經過的隔壁鄰居聊天。我們在討論正事耶，會議常常被打斷，感覺很不好，覺得他不尊重人，也不重視我們正在做的事。發想時也是，前一秒還在講A，下一秒會突然跳到F，然後又說W好像也可以，到最後，連他自己也搞不清楚哪個比較可行，結論還沒出來，人就飄走了。

但是他的創造力真的很強，不知道從哪裡生出來那麼多點子。他也可以做些我覺得很麻煩、要花力氣的事情，像是爭取贊助、打電話要求折扣或邀請其他單位合辦活動。連陌生人都可以很快地變成他的朋友，大家都很喜歡他，樂意幫他。他就像獵犬，當我們需要什麼東西的時候，把他放出去，他就會把獵物帶回來，我只要把他爭取到的資源好好應用就好。

溝通方面，確實要多花一點時間提醒他，把他從天馬行空的幻想中拉回正軌，只要具體地跟他說清楚需要做什麼，他都會盡量做。剛開始，覺得他太有自己的想法，不好溝通，後來發現他因為想法太多，所以彈性很高，也不一定說出來的就得要做，可以不用那麼認真看待他說的每句話（笑）。

他有時會邀請我參加他的派對，他喜歡那種熱鬧的場合，如果有我熟悉的人也在場，或他可以多花一點時間幫我應付陌生人，我就會去。不過，我還是拒絕居多啦，還好他被我拒絕習慣了。

主管的觀點

來看看分配他們倆的主管是如何想的吧：

我對這兩位團隊成員有一定程度的了解，把他們放在一起，主要看他們是否可以互補。當初，心裡最壞的打算是傑森一人獨攬所有功勞，覺得小洛沒有貢獻，小洛也覺得自己辛苦的工作沒有被看重，萬一這樣的話，對團隊氣氛和組織文化都不好。

這兩個人剛開始時的確花了比較多的時間磨合，慶幸的是，他們倆都經驗豐富，願意以任務為重，為受指派的工作共同努力。剛開始最不容易掌握的是工作節奏，一個快速發散、一個緩慢專注。一直以來，傑森在團隊中都如魚得水，小洛讀比較擅長獨立作業。原本設定小洛做研發、傑森負責執行，但基於信任和嘗試的立場，我還是交給他們自己處理分工。我只有在一開始時說明任務的重要性，並奠立互相尊重的文化，接下來，他們就自己搞定了。就不同特質成員的合作結果來說，他們能夠這樣配合，算是最好的成果了。

最後，旁觀的我問雙方：「如果下個案子要找搭檔，你們還會想合作嗎？」傑森說：「我這樣說，她一定會很窘啦，但我真的很高興是她，除了她，全世界我想不到更棒的搭檔了。」旁邊的小洛一臉尷尬地說：「不好意思，他們外向者比較浮誇。」傑森轉頭看向我：「妳看，她虧我，表示她把我當朋友了。」

訪問結束後，我問小洛最喜歡這段夥伴關係的地方是什麼，小洛說傑森尊重她的界線，加上經過幾次合作建立出來的默契讓她覺得熟悉而安全。她舉例，有次兩人視訊會議討論如何解決一個牽涉商業機密的棘手狀況，傑森說出自己的想法後，突然對小洛說：「妳不喜歡這樣做對不對？」小洛說：「嗯，可能吧，我是覺得風險有點高。我看起來很不喜歡嗎？」傑森大笑：「一聽完我說的話，妳的手就開始扭曲，很明顯好嗎？」這樣的隊友和默契，小洛說她很珍惜。我再問：「妳有跟他說謝謝嗎？」小洛淺笑說：「我用寫的。」

團隊中同時有內向者與外向者，形同同時擁有兩個世界的優點。創業家、企業顧問亞當．里曼（Adam Lehman）如此認為，許多專家與研究結果也都顯示，只要找對相處的方法，內向者與外向者混搭的團隊成效最好。

事實上，很多內向者都表示他們最好的朋友及工作夥伴都是外向者。亞當．里曼說：「與內向者合作是我至今報酬最高的經驗，外向者如我可以從內向夥伴得到許多幫助，而內向者也因為有外向者在旁邊，可以飛得更遠。」擁抱自己的個性，無論內向或外向，創造價值，並且不要排斥和任何一種人合作。透過和各類型的人共事、溝通，雙方都可以互相學習、成長，利用別人的長處補足自己，也用自身的優點幫助他人，成為更好的個體與團隊，這才是職場工作者最可以做的事。

與內向同事合作的小秘訣

- 分配任務前，盡量提供充分資訊，讓他們了解事情的脈絡與前因後果，如此，他們可以想出比較適合的方案。
- 留給內向同事思考與作業的時間。
- 內向同事可能不會在動腦會議上坦白地提出許多想法和建議，但可以去問他們。
- 他們不喜歡引人注目，在大會議室中突然請他們發表想法，效

果可能不會太好。

- 他們注重細節，喜歡重複思考各種可能性，緊急應變方案、B計畫、風險管理這種事情交給他們就對了。
- 他們不需要太多監督，可以自己做得很好。
- 三不五時就探頭問進度可能會讓他們大腦CPU超載，若想知道執行進度，可以訂立時程和目標，請他們主動報告。

與外向同事合作的小秘訣

- 外向同事反應迅速、講話直接，如果需要謹慎行事的事項，最好多加提醒。
- 他們善於建立關係、行銷自己，讓他們出去開拓就對了。
- 他們喜歡講話、建立連結，無論是在研討會上認識人，或是陌生電話拜訪，都是他們擅長的領域。
- 他們不喜歡重複、固定性太高的任務，那會讓他們覺得無聊。
- 他們擅長透過討論建立自己的觀點，喜歡邊說邊想，鼓勵他們講，他們就會想。
- 他們喜歡成為被注目的焦點，需要主管的注意力與支持，如果有外來的讚揚（如其他部門）會更好。

內向者的向上管理

克雷格是團隊中大家公認不可或缺的一份子，他工作務實勤奮、任務導向，負責管理許多重要專案。但他卻越做越不知道該怎麼跟老闆溝通，有時他覺得老闆的要求太強人所難，有時是時間太趕，根本提不出好的方案，再不然就是預算不夠，最後只能退而求其次，但每次妥協的結果都被老闆罵。同事都說他的能力很強，或許只是老闆不知道該怎麼用他。注重溝通和諧的他覺得很痛苦，雖然很喜歡這份工作，但覺得再這樣下去，好像也只能離職了。

在牛津大學和麥基爾大學任教的管理學教授卡爾·默爾（Karl Moore）直言：「要當一個好的領導者，最重要的事就是把重心放在你的屬下身上；第二重要的事應該就是向上管理。」不是每個人都需要管理屬下，但幾乎每個人都有主管。

向上管理並不是拍馬屁的別名，這並不是要你獲得什麼好處，而是要取得工作效率。缺乏有效的向上管理，會導致老闆無法掌握下屬的工作狀況，也看不到他的工作成效。對不傾向吹噓或爭取權益內向者來說，除了腳踏實地的工作外，擁有足夠的資源與支援更顯重要，好的向上管理除了可以確保任務達成外，辛苦與成就也能被看到。

了解主管的行事與溝通風格

知己知彼，百戰百勝，如果把老闆或主管當作重要的溝通對象，就要先知道他喜歡哪種類型的溝通方式。美國心理學家威廉・馬斯頓博士（Dr. William Marston）創建的DISC個性分類，依照行事節奏快慢；以人或事為主劃分出四個象限，將人分類為：支配型（Dominance）、表現型（Influence）、親切型（Steadiness）和分析型（Conscientious）。用四種分類涵括所有人，當然不免有例外，但一開始先用大分類了解主管是哪種類型，會有利於了解他的行事和溝通風格。

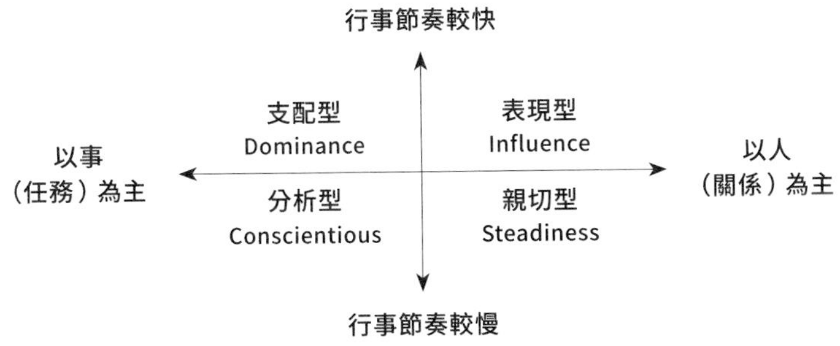

先來了解不同類型的主管吧！

・支配型主管

主管特質是目標導向、有行動力、喜歡挑戰與創新、喜歡掌控全局、不輕易妥協、沒什麼耐心。遇上這類主管交辦的事情最好馬上做，並隨時讓他知道進度與成果。這類主管普遍喜歡重點明確、快狠準的溝通方式，先列出選項、評估與建議讓他選，會是他們喜歡的決策方式。

・表現型主管

主管特質是善於社交、話多、重視感覺、很會激勵與說服他人。這類主管雖樂於分享，但要多認同他、重視他，讓他對你「有感覺」。同時，他們也相當能夠接受新想法、喜歡創意，但持久力比較不強，若是需要長期追蹤的事情，會需要有人提醒。

・親切型主管

主管特質是個性溫和、注重規劃、會耐心傾聽、不會任意改變作法。他們尊重團隊和傳統，溝通時善用「為公司或部門好」的說法，他們會比較容易接受；不過太天馬行空的創意恐怕不合他們的胃口，要他們力排眾議做某些事時，難度比較高。

・分析型主管

這類主管實事求是、思慮周密、注重數據與分析、有時有點完美主義。他們不太會貿然投入某事，通常會經過嚴密思考，所以不要期望他可以在五分鐘內批准一個他完全不熟悉的企劃。同時他們也重視邏輯與細節，溝通時，建議準備完整資料，當然還要確保所有數字都正確，並準備好討論你的邏輯為何是這樣。

如果已經寫好企劃案，應該如何讓主管更容易點頭呢？創新管理講師劉恭甫在他的著作《不懂這些，別想加薪》[1]中提供絕佳範例——**支配型主管，一頁就好；表現型主管，漂亮就好；親切型主管，實用就好；分析型主管，越厚越好。**

1 ——《不懂這些，別想加薪》劉恭甫著，商周出版。

不懂表現、不會邀功怎麼辦？

每到年終檢討，蕾依都會失眠加胃絞痛。即使已經進入職場快二十年，工作表現亮眼，但她仍然非常不喜歡要規劃年度計畫的季節，尤其事關考績、升遷和加薪。

蕾依常常覺得自己很不會表現，偏偏她有個外向主管，主管喜歡懂得自我表達的人，講到績效考核，他最常掛在嘴邊的一句話是「來，我們來談。」每次蕾依聽到這句話就縮回去了，練習多時的說詞，一個字都說不出來。反觀其他同事，連剛進公司的小妹妹都可以把過去的功績包裝得很漂亮，只有她做人太實在。她常覺得自己很不會談條件，明明去年的業績很不錯，但她就是不敢開口要求升遷或加薪。

許多內向者之所以覺得自己向上管理欠佳，是因為不會邀功、沒辦法自吹自擂。如果把向上管理比喻成一個蛋糕，這些行銷技巧就像是蛋糕表面的鮮奶油或翻糖裝飾，好的主管當然會看整體，除了表面的裝飾外，別忘了蛋糕好不好吃也很重要，即使裝飾功力不強，內向者還是可以做出符合主管口味、讓人驚豔的蛋糕——**全部以內在取勝**。

對內向下屬來說，無論老闆或主管是哪一型，只要掌握正確的溝通原則，就有向上管理的方法。

好好準備、對症下藥

把自己的頻率調整到與主管的一致，溝通才會在同一條線上，記住，要調整的是自己，不要妄想去改變主管。內向者遇到外向主管，可以當面溝通、用說的，因為就算準備了完美的提案，他可能還是比較喜歡聽你說給他聽；若是面對內向型的主管，開會前記得先把資料給他，並列好議題，讓他們在開會或討論前有時間分析、思考。內向者擅長的準備工作，其實對每種類型的主管都很有效。（請參考P.239 DISC個性分類）

面對不同類型主管的應對之道

・面對支配型主管

先做好摘要、準備好選項，並加上自己的評估與建議，例如「對方這個提案的重點有三個（分別簡短說明），我不建議單獨跟他們合作，因為（什麼樣的原因）。我想我們有兩個選項，找第三方一起合作，或是乾脆不要合作。基於什麼樣的理由，我評估後，傾向（是否要合作）。」

・面對表現型主管

做好準備說：「老闆你說的沒錯。」同時提出佐證，像是「這是全新發想企劃，業界第一次，預計來客率可以增加百分之二十，目標則是滿意度達到百分之九十。」說完後可加上自己的想法，如：「那我們可以加百分之十的預算嗎？」

・面對親切型主管

多準備過去的案例、經驗，如「這個活動企業目前的進度是這樣，去年我們也有辦過類似的活動，那時，大主管給的預算比現在多百分之十，他也很滿意成果，今年要不要也如法炮製呢？」

- **面對分析型主管**

準備越周全、資料越詳盡越好，例如：「這個活動是根據這些資料（拿出整理好的圖表），根據A、B、C報告，以及過去經驗（呈上準備好的報表）與客戶反應（攤開準備好的圖表），如果我們再增加這樣的預算和那樣的流程，成效預計會增加百分之二十。」

設身處地去了解主管的動機和目標

主管也有他的壓力、目標，這些通常與他的更上層主管、部門目標及公司目的息息相關。職場人力開發專家珍妮芙・凱威樂（Jennifer Kahnweiler）就直言：「你的目標是要幫助主管達成他的目標，而他的工作是要協助他的主管達成目標。」因此，無論是談薪水、定目標、論考績，記得把自己放到更大的格局裡，除了自己的目標（如業績、KPI）之外，也要先了解主管、部門、公司的目標與優先順序，並看自己的能力如何有助於達成更宏觀的目的。

通常，只要是對公司或部門有幫助的事情，主管都不會反對，但比起決定，他們更在意的是優先順序和執行效率，例如總務人員知道公司的資訊部門需要幫忙，但總務主管絕對不會希望底下的人擱下手邊工作，用蹩腳的技術、花無數時間去幫資訊部解決技術問題。

凱威樂建議——只要去了解頂頭上司的前三至前五大目標，就會明白該如何分配資源和時間，才能有效協助主管，並建立同舟共濟的信任感。若能主動注意業界動態、競爭對手訊息，以及思考突破限制或超越對手的方法，也可能受到各類型主管的喜歡。若不知道該怎麼和主管討論宏觀的計畫，或許可以參考下一頁列舉的十項問題。了解大目標之後，還可以進一步檢視自己手上的牌，甚至可以幫部門想下一步，並將個人發展加進去。

如何與主管討論大型目標

- 對公司來說，我們部門最不可或缺的價值是什麼？
- 某某部門有時會與我們部門合作，但有時也會分掉一些資源，我們跟他們的合作模式通常是如何？
- 您對我這個職位的定位和期待是什麼？我這個職位該如何做，才有價值？
- 與我的職位相關的部門同事，他們的工作目標是什麼？
- 目前看到此職位可能的挑戰有A、B、C，您建議如何應對？

也可以自問這些問題

- 以我的職位、能力和經驗來看，我該如何協助主管？
- 下一季或明年，我可以做哪些事來幫助主管和部門？
- 哪些專案可以讓我發揮所長，並且能讓主管馬上看到我的實力或影響力？

- 哪些專案是我目前沒有能力，但是我希望可以參與的？
- 主管的知識、經驗、技能中，哪些是我希望跟他學習的？哪些是我可以幫他分憂解勞的？

最後，記得紀錄自己的貢獻。凱威樂指出內向者常受估價過低症後群（undersell syndrom）影響——**過度沉默，以至於其他人不知道他們所做的努力與成就**。要打破這點，就是忠實記錄自己的工作軌跡與成就。即使再小的成就都沒關係，不管是找到新的廠商、替部門減少百分之二的成本，或是參與某次談判，促成部門間的專案合作，平時就要記錄，不要等到檢討會前才匆匆忙忙回想。主管在意的是成果、是實績，最好的方式就是定期提醒主管自己的貢獻，並尋求更進一步發展的建議與支援。

當責態度

曾擔任ＩＢＭ主管的莫爾，說明向上管理的重要守則之一就是**不要帶著問題去找主管，該帶的是答案**。他承認剛開始或許不會那麼順利，但ＩＢＭ當時給了他很好的訓練，主管不厭其煩地跟他討論，要他回去重新想，漸漸地，他越來越不需要去找主管討論，被退件的機率也越來越低，「他們是在訓練我用他們的角度思考，用自己的方法，帶領自己的團隊想出解決方案。」

前陣子，在臉書上看到一位朋友分享的動態，這位朋友是個女生創業家，她分享在兩地創業的不同經驗，在甲地，她花比較多心力去預想，「我這件事情做下去，團隊可能在哪裡會出包，我該怎麼去補這個洞，該如何救火？」隨時做好各種Ｂ計畫、Ｃ計畫。後來，而到乙地創業，發現該地員工的態度完全不一樣，他們會主動去想哪邊可能會有破洞，甚至在老闆還沒發現之前就通通把洞補好了。這是很明顯的對比——一邊的員工認為老闆交辦任何事，只要做好自己的部分就好了，其他可能發生的風險是老闆的責任；另一邊則是即使老闆沒有明確規定誰做，員工還是把所有可能想得到的情形都先準備好，如果真有況狀發生，就要第一個要跳下去處理。

同樣花錢請人，老闆交辦任務，甚至升遷時，當然優先考慮乙地的員工，原因無他，就是當責態度，最後她真的就關掉甲地的公司，將團隊完全移轉到乙地。

當責態度與內、外向沒有太大關係，還可以透過三個面向來練習，首先，內向者的專注即是優勢。

內向者可以專注在一件事情上很長的時間，不會看到其他好玩的事物就跑走，但缺點就是一次無法分心處理太多事。內向的職場工作者可以根據自己的能力、經驗去排定短期、長期計劃的黃金比例，一旦掌握這個比例，就像是跑馬拉松時的配速一樣，能有效安排哪些事情必須同時動工；哪些事情需要花比較久時間、精神去處理。只不過很多工作不是靠自己就可以掌握，有時由於產業環境與職位的特性，也不見得都能符合自訂的黃金比例，這時就需要藉助團隊的力量，彼此充分溝通，並適時地妥協。

而在團隊合作，特別是追蹤進度，催繳東西時，內向者很容易覺得內疚或不好意思，有時甚至連打電話詢問進度都會害羞。建議內向者把目標放在「完成工作」上，而不是「我要來催你」。再者，利用電子郵件、通訊軟體等文字溝通的方式，都可以稍微減低對話的焦慮感。

不可諱言地，任何工作都可能面對時間帶來的壓力，在短期之內要把事情處理好，對內向者來說的確不太符合天性。內向者天生深思熟慮，會希望等想到了完美方案再提出，有時難免會犧牲即時性。所以我常把第一份工作主管的口頭禪：「先求有再求好」拿來提醒自己，事情做到七十、八十分就先給，看對方的反饋，再做進一步修改。

實際上長期面對時間壓力，也不是全無好處，為了爭取時效，我常會捨棄內向者喜歡的文字溝通，而是直接拿起話筒，甚至直接殺到現場與對方面對面，久而久之，舒適圈就這樣擴大了。「我沒做過，不會做」或「這不是我的事」永遠都不會是最好的答案，**面對看似無理的要求或毫無把握的新挑戰時，可都是主管評估當責態度的最佳時機。**

內向者適合領導團隊嗎？

每次看到電影《鋼鐵人》，總不禁讚嘆小勞勃・道尼（Robert John Downey）演出的東尼・史塔克，一名充滿自信的天才發明家，帶著有點超過但卻不會讓人討厭的驕傲，大概是最有魅力的超級英雄之一。但鋼鐵人的原型、被譽為「下個賈伯斯」的特斯拉創辦人伊隆・馬斯克（Elon Musk）卻不是這樣的人，「基本上，我是個謹慎、內向的工程師，我花了很多力氣練習上台講話不要結巴……身為CEO，我必須這麼做。」

除了馬斯克之外，股神巴菲特、臉書創辦人馬克・祖克伯（Mark Zuckerberg）、蘋果的史帝夫・沃茲尼克（Steve Wozniak）、Google的賴瑞・佩吉（Larry Page）、微軟的比爾・蓋茲（Bill Gates），都是有名的內向企業家，對世界具有舉足輕重的影響。不同於外向者炫目耀眼的領導風格，內向者有些獨特的領袖氣質值得好好發揮。

內向者的獨特領導個性

好的領導者到底應該是什麼樣子？管理學大師彼得．杜拉克表示，過去五十年來，他與各式各樣的執行長共事過，有深居簡出的、有極度交際的、有決策如電光石火的，也有緩慢謹慎的，但**最有績效的執行長身上有種共通點，正確來說，應該是沒有一種特質，就是魅力**。

管理大師、《從Ａ到Ａ＋》的作者吉姆．柯林斯（Jim Collins）檢視許多表現亮眼的企業，發現那些執行長們並非一般以為的耀眼、充滿魅力的領袖，他們的成功反而來自極度謙虛的態度和強烈的專業意志。柯林斯將這些人歸類為「第五級領導人」，他們野心勃勃，但這般企圖心是為了組織、為了達成團體目標而高張，並非為了自身利益或名聲。加上內向的人通常較不怕獨處，他們花比較多時間在內在宇宙中遨遊，因此更會反省，並專注在思考、觀察、計畫、想像、創造、提出解決方案、深入研究並徹底執行。柯林斯歸類出其特質包括謙遜、安靜、沉穩、自制、溫和、保守，甚至害羞。

長期從事內向者職場研究、教學與訓練的職場人力開發專家珍妮芙．凱威樂二〇〇九年出版《幹掉獅群的小綿羊：內向工作人的沉靜競爭力》[1]時，對內向領導人的研究還不多，只寫道：「沒有資料顯示外向者一定是比內向者更成功的領導者。」時至今日，這本書再版，她是這麼跟我說的：「雖是同一本書，但我改寫了非常大的部分，妳簡直無法想像短短十年內，職場就對內向者的觀念有這麼大的翻轉，可見內向者一直以來是多麼地被忽略。」我很喜歡的一句英文諺語 Still waters run deep（靜水深流）畫龍點睛地總結她這十年來的體悟——**比起顯而易見的領袖魅力，內向領導者確實一直在安靜地發揮無比深遠的影響力**。

可以「一秒變外向」的內向者

社會化是不斷學習社會價值和規範的過程，大部分內向者在經過家庭（一直推你跟其他小朋友互動的爸媽）、學校（規定上課要發言才有分數的老師）、職場（認為主動說話才叫作積極的老闆）等不同情境的訓練下，多少都可以在內、外向間轉換，並附贈讓自己成為偽外向者的演技。

社會化不僅使內向者成為職場人才，也可以成為卓越的團隊領導。華頓商學院亞當．葛蘭特（Adam Grant）的研究指出——特別是在一個大家都積極貢獻想法的環境中，外向領導者較重視個人自我表現，而善於傾聽的內向者則比較容易採納建議，並做出最有助於團隊的判斷。當團隊成員提出創新的管理方法時，外向者會想：「你說你有可能讓團隊變好，是這樣嗎？我才是明星呀！」而內向者則會想：「噢，你這樣說很不錯，但他那樣說好像更有挑戰，不如結合一下吧！」只要可以跳脫自我框架，同時關注周遭的人及其需求，就可以給團隊成員更多的發展空間。

我有個認識十幾年的朋友，明明也是內向者，卻早已練就一身健談的功力，和外向者也合作無間。像她一樣的內向者隱身在你我周遭，因為不是主流，內向者通常要花些力氣調整、適應和外向者工作與溝通的方式與技能；因此就算是擔任公關、行銷等職位，內向者也可以用上苦練多年的技巧，成功符合工作需要。

1 原書名為《*The Introverted Leader: Building on Your Quiet Strength*》，繁體中文版由三采出版

當個內向好主管

「我連跟大家講話都會緊張，要怎麼當主管？怎麼帶人啊？」

「當主管好可怕，我可以不要升職嗎？」

每當有人苦惱地問我這種問題時，我都想拍拍他的手臂，告訴他：「真的有辦法，你看比爾．蓋茲不是很酷嗎？」

劍橋大學個性心理學教授布萊恩．李托（Brian R. Little）在他的著作《探索人格潛能，看見更真實的自己》[1]中探討影響個人與其職場行為，指出一般人常覺得領導者必須外向，像華爾街之狼那樣散發領袖魅力，激勵夥伴同事，甚至魅惑對手。

事實上，領導風格不該侷限於一種。冷靜內斂的的內向者也可以成就頂尖的領導者，比爾．蓋茲、巴菲特都是典型的例子，重點就在於如何認清處境，並盡可能擅用優勢。比爾．蓋茲曾說：「聰明的內向者會找到自己的優點，像是願意用一段時間深入思考、縱覽群書、超越自我想法的極限，以解決問題。」

無論是不是內向者，對許多人來說，擔任管理職都是一種既期待又怕受傷害的改變。晉升主管表示自己獲得認同，公司願意讓你擔負更多責任，但另一方面，我們或多或少會懷疑：「我真的有辦法勝任這樣的角色嗎？」或「還要這麼多討論與溝通，我自己做，早就完成了。」

內向者領袖有哪些必殺絕技？

・能夠盯緊目標

外向領導者通常有「新奇事物症候群」（Shiny Object Syndrome, SOS），也就是任何開始熱情滿溢、勢在必行的事情，都可能突然讓他感到索然乏味，隨即又投入另一個看起來閃閃發亮的目標。

相較之下，內向領導者比較能專心致志地完成一系列目標，就算連連開創新任務，也是秉持「一次做好一件事就好。」

• 善於團體戰

內向型的主管因為本來就不喜歡成為焦點，傾向借重他人所長，比起光芒四射的外向型主管，反而讓下屬有發揮的機會。看看知名遊戲設計公司威爾烏（Valve Software）網站上是如何介紹團隊的，不見總裁霸氣外露的照片，反而只有幾行字——「沒有老闆、沒有中間幹部、沒有階級。我們只是一群有幹勁的人，聚在一起做很酷的事。」是不是超酷！

• 低調是優勢

在什麼都要用按讚數來衡量的時代，高調好像沒什麼不好，但有時候，鴨子划水會取得更多優勢。一些外向的企業會運用各種媒體、透過不同管道確保自己「不斷地被看到」，每個動作都要萬眾矚目。反觀百年造磚企業Acme Brick或地板製作龍頭Shaw Industries等表現遠優於業界同行的公司，執行長不上媒體，專心工作，而且沒有人知道他們接下來要做什麼，像忍者一樣「觀之在前，忽焉在後」的對手，才真正讓人感到害怕。

・強化傾聽與策略性思考

這兩項都是內向者原本就擅長的能力，身為主管可以更強化這兩部分。領導力教練盧・所羅門（Lou Solomon）認為在傾聽之後，更要以得到的資訊為基礎，進一步跟團隊溝通「為什麼要這麼做」或「我可以怎麼幫你」。好的主管應該眼光長遠，有綜觀事物的能力，對於團隊運作、如何達成目標、該往什麼方向走，有全面性的規劃，而這樣的策略性規劃正是內向者擅長的深度思考。

・善用小組或一對一面談

內向者擅長與少數人對話，因此內向主管可以利用這項特質來安排會議，無論是走動式管理或小組會議，內向主管在人數有限的情境下可以發揮得較好。

然而，有些主管的職責之一，就是要增加團隊成員互動的機會，秉持幫助人的心態開會，如此對具有同理心的內向者而言，會較有意義感而降低踏出舒適圈的焦慮感。另外在分配工作時，也別因為是自己不喜歡的事，就不敢分配出去。相反地，要抱著「要讓他多嘗試，搞不好可以成為他擅長或喜歡的事」的心態。

・轉化衝突，而非避開衝突

工作上難免會面臨衝突，對外在敏感的內向者，容易選擇避開。但若身為主管，如何面對、處理衝突便是重要的一課。當衝突無法避免或管理時，要保持開放的心胸，尊重對方（不等於同意對方），尋找雙方都可以接受的共同點。不妨直接詢問：「你為什麼這麼覺得？」「你在擔心或害怕什麼？」「你覺得對你來說，最差的狀況會是怎樣？」藉此發掘出對方的顧慮。

創造獨特的內向領袖魅力

內向者不需要假裝外向或學習外向者如何施展領袖魅力，自有方法與團隊成員連結。心靈成長開發網站TheThread.Life的行銷長麗莎・佩崔莉（Lisa Petrilli）認為「大多數的內向者都很迷人，能啟發團隊，並且具有領導魅力，因為他們擅長思考與目的導向，並把這樣的基礎帶入領導風格中。」唯一要注意的是不要吝惜與團隊成員分享你的時間和專業知識。不要因為自己內向而覺得不好意思或抱歉，畢竟人們喜歡與坦然的人相處。

如果說內向跟外向是光譜的兩端，很少有人是在光譜的兩個極端，更多是中間，只是你是「偏向」內向或外向性格。我很喜歡華頓商學院亞當・葛蘭特教授（Adam Grant）與跟蘇珊・坎恩、布萊恩・李托在播客（Podcast）對談中得到的結論：「個性或個人特質不能決定你是誰，如何發揮與應用才是關鍵。」既然你可能擁有某些內在性格，何不好好挖掘並善加利用這項天賦呢？

人類社會奇妙的地方，就在於不只有一種生存方法，職場也是一樣的，只要發揮自己的優勢和無可取代的價值，就算是綿羊，也可以領導獅群，而且聽起來實在比獅子領導羊群帥氣多了。

1 —— 原書名為《*Me, Myself, and Us: The Science of Personality and the Art of Well-Being*》，繁體中文版由天下雜誌出版。

沒有人要你變成外向者

我喜歡的搖滾樂團The Killers準備要世界巡迴演出了，但就在全球粉絲要開始瘋狂之際，樂團卻發出聲明：「這次巡迴，Dave（吉他手）要休息一陣子，Mark（貝斯手）也決定要回學校念書，但不用擔心，我們有其他合作的樂手一起巡迴，不會讓你們失望的。」聲明引起歌迷躁動、憤怒、批評，並在網路上引起喧然大波，連長相帥氣、笑容迷人的主唱親自出面解釋都無法平息。

一直以來，在搖滾樂團中，歌迷最關注的都是主唱，不少樂團也都直接用主唱的名字作為團名，如Bon Jovi、Dave Mattew's Band，感覺就像公司名稱是「忠謀」或「台銘」。許多樂團唱到後來，不是全部的人換過一輪，只剩主唱沒換，就是主唱乾脆拋下樂團單飛，像是知名的「Guns N Roses」樂團還換人換到只有主唱Axi Rose沒變過。

的確，觀眾剛開始總會先注意到主唱，但當主唱與各不同樂手合作時，產生的化學效應完全不同，能長久吸引歌迷的還是樂團本身。況且樂團屬於全部的團員，許多樂團團長甚至不是鋒芒畢露、版面最多的主唱，但他們仍會透過自己的方式，內外兼顧，成為樂團的重心。在搖滾樂團的歌迷眼中，樂團價值就如同職場上內向者的價值。

我們已經聽過太多勇往直前的故事，上網搜尋總會得到「放手去做」、「挺身而進」、「不能放棄」、「想成功先發瘋，頭腦簡單往前衝」等積極事蹟，而這些對內向者來說，通常只會帶來枯竭與倦怠。事實上，**內向價值的展現方式與職場勵志書上寫的不太一樣，別讓這些勵志迷思成為你的框架。**

迷思一：別耍孤僻、凡事說「YES」

二〇一一年，啟斯．法拉利（Keith Ferrazzi）的著作《別自個兒用餐》[1]出版，即使已經過數年，書名仍讓人感到驚悚。啟斯．法拉利是成功「脫魯」的典範，他生在鋼鐵工人與清潔婦組成的家庭，卻一路讀到常春藤名校——耶魯大學、哈佛商學院畢業，並成為五百大企業「最年輕的行銷長」，連世界經濟論壇都將他選為「未來全球領袖」之一。啟斯．法拉利後來自己創業，目前是顧問公司法拉利綠燈（Ferrazzi Greenlight）的執行長（公司命名的邏輯和搖滾樂團一樣），他表示自己的成功都是靠「人脈」，他有系統地把行事曆填滿，參加各式社交場合以認識更多人。餐敘當然沒問題，但如果要像法拉利這樣，每天到不同地方、和不同人共進午餐，內向者肯定很快就會吃不消。

對內向者來說，找到自己的節奏才是最有效率的事，並不一定要學外向者，才能開拓人脈。若上午的工作時光是你的創意時間，那就盡量別安排會議；獨自吃午餐，便能擁有屬於自己的時間來思考。

凡事說「YES」也是迷思之一，對內向者來說，多嘗試當然是必要的，否則只會錯過許多機會，冰上曲棍球傳奇韋恩．格雷茲基（Wayne Gretzky）說：「不射門的話，命中率就是零。」但如果逼自己對出現在面前的所有機會都說「YES」，便容易陷入「新奇事物症候群」（Shiny Object Syndrome），因為資源分散，反而什麼都做不好。

內向者的能量就像雷射光束一樣，精準而集中，一次開啟太多條戰線，只會讓高強度的能量分散，而犧牲專注深入的強大效果。然而職場工作者通常沒辦法一次只開一條戰線，但手上如果有太多事情的時候，建議內向者有意識地先進行計畫與整頓，問自己「這件事真的必要嗎？」及「效益是甚麼？」或是「如果不是我親自做，還有什麼方式？」區分出輕重緩急，找到並盡量維持短期目標和長期目標的適當比例，確保不會耗費龐大能量或犧牲工作品質。

迷思二：人人都該跨出舒適圈

我總開玩笑地說：「跨出舒適圈還不簡單，我每天踏出家門就離開舒適圈了。」對內向者來說，無需勵志格言的鼓勵，跨出舒適圈原本就是他一輩子在做的事，只是距離多遠而已。企業家兼職涯顧問貝絲．畢羅（Beth Buelow）認為內向者應該尊重自己的舒適圈，因為那是可以充電的地方，**比起有意識地要求自己跨出舒適圈，擴大能力範圍對內向者來說才是更重要的事。**

小美是出版社的編輯，喜歡協助作者整理思緒脈絡，也擅長不厭其煩地溝通和優化內容版面，她編輯的書總是大獲好評，但主管認為除了編輯之外，她應該多出去開發有潛力的新作者，才能為公司帶來更大利益。

小美很清楚拓展人脈不是自己的強項，便決定從自己的舒適圈出發，因為與她合作過的作者都對她讚譽有加，小美就從這已經有信任基礎的一小群人往外拓展，請他們幫忙留意適合的人。面對可能合作的新作者，小美先透過網路與對方聊天，覺得合適，再約一對一見面，因為會面前已經彼此徹底溝通過、互相了解，所以新作者的合作意願也很高。雖然拓展新作者是個大挑戰，但小美利用自己能夠掌握的資源與擅長的方法循序漸進地進行，反而能有效達成目標。

就像重量訓練一樣，不舒服才有效，但是如果太過，反而會有受傷的危險。找到舒適圈（現況）和完成挑戰（目標）之間的差距，然後用自己的方法和節奏，漸漸地把差距補起來，甚至你也能在不喜歡的情境，例如吵雜的社交場合，主動創造自己可以接受的環境，像是邀請少數幾位賓客在較安靜的角落聊天，進而達到建立關係的目標。

如果面對任何目標都說「Just do it」，只會打擊自信心，並且很快就力竭，要過很久才能恢復能量，再進行下一回挑戰，甚至可能直接放棄！發掘自己的能力範圍，在適當的負荷強度之下做到極限，才能有效地鍛練；與其逼迫自己嘗試或挑戰每件事，內向者可以做的是按照自己的步調，穩健但紮實地擴大守備區。

迷思三：內向者保守、膽小

有天下班後，我接到超級外向好友來電：「我要趁衝動還沒消失前做一件很勇敢的事，快鼓勵我！」我問：「妳要告白嗎？」她說：「更恐怖，我正要一個人去看電影。」當下完全不知道該怎麼接話的我，心裡邊笑邊想著：「我已經恐怖一輩子了。」

內向者不是不敢冒險，對於自己信任的事物，他們會用相對低調的方式展現十足的勇氣。內向者的勇敢範例並不罕見，咱們台灣人最熟悉的例子，就是話少到出名的「第四棒」——陳金鋒。

陳金鋒是台灣首位正式挑戰美國職棒大聯盟的選手，帶著全台灣民眾的期待，在美國度過整整七年極度競爭的職棒歲月，其中大部分時間，是在枯燥單調的小聯盟。曾在道奇隊任職、當時擔任陳金鋒翻譯的廖昌彥如此描述：「陳金鋒個性內向，當初花了不少時間才習慣美國生活。我們的球場是在鄉下小地方，不開車哪裡都去不了，但和其他球員不一樣，陳金鋒好幾年後才去考駕照，因為他的生活簡單，平常也不太出去玩。」這就是內向者的專注。

陳金鋒加入美國職棒時承擔了很大的關注與壓力，與其退縮，他用相當深度的心理建設迎向各方面挑戰。廖昌彥回想陳金鋒比完賽都會吃牛排和馬鈴薯，原以為他很能接受美式食物，一問之下才知道吃牛排是為了長肉、吃馬鈴薯是為了幫助身體代謝乳酸，陳金鋒說：「我沒有很喜歡吃這些食物，但我必須吃。」內向者的另一項長處是可以為目標，專心致志地投入。

撇開他在台灣棒壇上不可取代的地位，或國內外賽事的傲然成績不談，在異鄉及強大壓力下，他長時間過著如此高度自我要求的生活，也就是一種內向者的勇氣展現。

下次若遇到在紐約獨闖小巷黑人髮廊編髮的外國觀光客，或自己環遊各國、參加馬拉松的嬌小女生，通常很可能就是內向者。問他們怎麼那麼勇敢，他們應該會帶著淺淺的笑容回答：「會嗎？我只是做我想做的事。」

迷思四：斜槓世代 VS. 專準主義

斜槓工作者（Slashie）一詞是從紐約時報專欄作家，同時是非營利組織Encore副總裁瑪希・艾波赫（Marci Alboher）的著作《一個人，多種職涯：成功工作／生活的新模式》[2]開始普及，指的是擁有不只一種職業身分的人，可能同時身兼律師／攝影師／健身教練，或是工程師／歌手／Uber司機。根據《衛報》估計，這樣的族群全球大約有一千三百萬人。

至於專準主義（Essentialism）則剛好相反，主張利用有紀律地精挑、簡化、排除、精確執行等步驟，確保「只做少數重要的事，並且做好」[3]。

其實，早在「斜槓人生」一詞出現前，我就已經過著這樣的人生了，最忙時，還曾同時做五份不同職稱、內容的工作；不是打零工，也不是掛名顧問，每份工作都有數不完的截止日期、都很燒腦。每次我告訴別人自己同時身兼多項工作角色時，對方都非常驚訝：「妳怎麼有辦法一次做那麼多事？」或是「不是說內向者要謹慎規劃自己的能量，不要分散嗎？妳剛剛打了自己的臉喔！」難怪我老是覺得臉龐有點灼熱。

如我一般十足謹慎的典型內向者，之所以敢跨界斜槓，是再三確認這些是**自己具備核心能力、而且有過類似經驗、掌握度高的工作**。舉例來說，如果對文字有一定程度的把握，可以同時從事作者／採訪／部落客的工作；如果中文造詣好，英文程度也不錯，可以挑戰同時擔任英文老師／譯者／英文採訪編輯，這些都是關聯性很強的職業，需要的核心能力相似，就算跨界也不會太吃力。但有些職業的差距較大，譬如攝影師與健身教練，因共通性不高，若要同時涉獵，所需的時間與付出的努力就要加倍。

那麼，斜槓人生或專準主義，內向者究竟該如何選擇呢？答案不在選擇哪一種，真正的重點是如何精準安排自己的能量。如果你是開車上下班、業餘喜歡玩攝影的工程師，兼任Uber司機對你來說也許並不費力，下班後、空閒時間接攝影案子可能也很適合你；但如果你想要的是完全跨界接建築設計案，可能就得想想自己的專業、經驗、時間等等是否有辦法應付。

對內向者而言，專準主義的確是比較符合專長與特質的工作型態，但並非意謂著你不能嘗試斜槓人生。然而，最終還是要看「你為什麼要做這件事」，如果只是出於興趣，你擁有充分的決定權，付諸實行的結果可能對心理健康威脅較小，但若因為財務因素而必須身兼多職，長期下來可能會讓自己感到身心俱疲。

無論做何選擇，重點都在於**嘗試之前是否已充分了解自己擁有的資源，並且有把握表現能符合專業**。畢竟，任何一位顧客都不會因為你是斜槓工作者而降低他對產品或服務的要求，斜槓工作者也不應因此對工作品質有所妥協。

迷思五：演久了就是真的

常聽到「演久了就是真的」（Fake it til you make it.），好像有點道理。遇到不會或不擅長的狀況，硬著頭皮裝成你想要變成的樣子，演到最後，連自己都相信一切是真的時，就成功了。因此許多內向者努力扮演著各種角色——滿場飛舞的社交花蝴蝶、咄咄逼人的商場強人、叱吒風雲的談判主將，直到我們氣力放盡。

《紐約時報》的專欄作家安娜德．奧康納（Anahad O'Connor）曾做過一項有趣的實驗，對象是一群公車司機。公車司機和其他服務業從業人員一樣，都需要經常性、長時間地與許多人互動——大部分是陌生人，司機也得保持耐心、有禮。研究人員貼身觀察這群司機，進行追蹤、比較後發現即使不開心也會強顏歡笑的表面行為（surface acting）只會降低司機的士氣、工作意願，反而採取深層行為（deep acting）的司機，從正面回憶中獲取轉換心情的能量，不管是情緒或生產力都有改善。

貝絲・畢羅（Beth Buelow）在其著作《內向企業家》中提到——當我們「賣力演出」時，就是忽略自己送出的訊號。理性告訴我們：「你的能量快用光了，你需要休息」，但我們不理會，反而更賣力演出，強迫自己撐得更久，其實一點好處都沒有。

早年的運動場上有一派說法：「所謂累，都是心理作用。」和「投球投到手痛？繼續投就不會痛了」，這種想法在短期、密集的賽事中或許有用，因為輸球就得回家。但職涯是長期的，早上開完會，下午還有會議；中午應酬完，晚上還有飯局；今天撐過去了，後面還有三十天；過完今年，還有後面三十年。寫下《先問，為什麼？》的知名管理思想家賽門・西奈克（Simon Sinek）就說「最後的贏家，不是為了贏而比賽的人；而是為了繼續留在場上而比賽的人。」所謂的奮戰精神，就像飆車時使用氮氣加速系統一樣，留在關鍵時刻才用。而在每天的繁忙事物中，有意識地保養、保護自己，才是長久之道。

遇到自己不擅長的場合，與其裝活潑大方、裝交際魔人，一小時後精疲力竭倒下，還不如好好做自己，取代每一次的勉強演出。擺脫如「我到底為什麼要來啊？這把年紀了，還要在這邊拋頭露面、強顏歡笑，也太悲戚了！」的表面行為與負面思維，改從深層行為與正面想法出發，「上次就是在這種場合，認識了我的貴人，今天不知道會發生什麼事呢？」甚至「聽說與會的某某是個談判高手，讓我來會會她！」

迷思六：內向者不擅長團隊合作

通常會覺得內向者不擅團隊合作的人，應該都不是內向者，他們為什麼會有這種誤解呢？「平常跟大家互動不多，應該不太好相處」或「話不多，沒什麼想法」還是「中午找他吃飯都不去，感覺個性比較孤僻，對他也不了解」。內向者常常因為這樣的誤解，而和「不合群」或「擅長單兵作戰，沒辦法團體戰」畫上等號，其實，內向者擅長傾聽別人的意見、不喜歡鋒芒外露、注重和諧，通常是團隊合作中的好咖。如何破除這樣的刻板印象，內向者可以按照這些方法進行。

內向者的團隊工作心法

・找一、兩位外向的隊友（團隊成員）

內向者和外向者往往是絕配的工作組合，一動一靜、一熱一冷，挑選外向者當夥伴，可以互補，外向者能幫內向者負責某些對外溝通，甚至達到宣傳的效果。

・運用有效率的溝通方法

即使外向隊友再給力，溝通能力還是內向者必須具備的能力。找些效率佳的網路溝通或專案管理工具（如Slack、雲端文件平台），可以有效提升團隊的溝通效率。透過舒服的溝通工具與溝通環境，內向者也較容易展現自己的想法。

・展現執行力

如果自認為爭取工作機會不是自己的專長，不妨先專心將每個交辦到自己手上的任務做到好，甚至多幫忙團隊夥伴或主管一點，這會是建立信任感的關鍵，而信任感是所有成功團隊的基礎。

專欄作家雷馬斯．斯本（Remus Serban）建議主管最重要的任務在於建立團隊文化，主管必須了解每位團隊成員的個性及長處，並明訂哪些行為是可以被接受、哪些行為不行，包括工作方式。團隊合作是否成功和主管的態度往往有很大的關係，主管能否掌握每個人喜歡的工作型態、適當地激勵每位成員等，都會影響團隊的成效。

---

1 ——原書名為《*Never Eat Alone*》，繁體中文版由天下雜誌出版。

2 ——原書名為《*One Person/Multiple Careers: A new model for work/life success*》

3 ——出自《少，但是更好》，葛瑞格．麥基昂著，天下文化出版。

建立爆棚的自信，不能只是看起來

寫這篇文章時，電視上剛好在重播班．艾佛列克主演的《會計師》（The Accountant）。班．艾佛列克在劇中的角色患有高功能自閉症，不擅與人交際，卻天生對數字極度敏銳，也因此而當上幫黑道洗錢的會計師。這部電影令我印象深刻的是劇中專門收容特殊需求兒童的博士說：「他們不是不如別人，他們只是與眾不同。會不會我們錯了呢？會不會我們一直以來都是用錯的方式來評估這些人？」

內向曾經被認為是疾病、缺陷（恐怕此刻還是有人這麼覺得），雖然現在已經破除誤解，但精神分析專家瑪蒂．蘭妮（Marty Olsen Laney）指出社會主流文化仍然偏好外向，致使外向成為教育及社會化過程中的「理想性格」，從幼稚園老師到菜市場阿嬤，每個人都會用各種方式跟你說應該外向一點，就連高等教育界，甚至職場上也一樣。在各種機制設計之下，如會邀功的人較容易獲得升遷、會講話的人顯得有領導能力與主見等等，大家也期待由外向者擔任領導者。

敏銳容易有罪惡感、責備導致羞恥感

敏銳的內向者因為容易接受他人感受及外界經驗的刺激，而較容易有罪惡感。愛荷華大學心理學教授葛蕾茲納．柯辰斯卡（Grazyna Kochanska）在一篇研究中指出，這種情況在幼兒身上就可以發現，生性敏感、容易因別人情緒有罪惡感的幼兒在進入學齡後，會比同儕更有道德良知、同理心，也更願意遵守規則（即使是在沒人看到的情況下），但代價就是這些人的日子會比較難過。

舉個例子，幾年前，一日氣溫三十度的上午，我在吉隆坡市區最熱鬧的購物區拿著果汁過馬路，繁忙的交通和擁擠的人潮中，對向一位行人直接撞到我身上，強大的力量瞬間把我的果汁撞掉在地，眼看就快變紅燈了，過馬路的人潮加快速度往前推擠，對方沒道歉，我也只能繼續往前走。

那杯現榨果汁才喝了兩口，就被撞掉了，我以為我會生氣或懊惱，但走到馬路對面、站在人行道邊的我，當下卻是滿滿強烈的罪惡感和擔憂，「果汁灑在這麼繁忙的斑馬線上，我卻沒辦法幫忙清理，如果有人滑倒或踢到杯子怎麼辦？不知道打掃的人什麼時候會來，真是給他添麻煩了，我應該要自己清理的！」

在外向主流價值中成長的內向者，可以明顯感覺到自己與社會期待之間的落差，各種趨近外向價值的要求，如「妳怎麼這麼安靜，不像姊姊活潑」或「你太閉俗了，這樣會沒朋友，要開朗一點」讓內向孩子深信自己腦袋裡面少了什麼、自己不如人，或自己的個性不正常。這種無法符合社會期待的羞恥感，會讓內向的孩子越來越沒有自信。

找到自己的自信方程式

「取得成功的過程中，自信心和能力一樣重要。」

這是英國廣播電視公司（BBC）美國白宮特派記者凱蒂·凱（Katy Kay）和ABC新聞台

「早安美國」撰稿人克萊爾．史普曼（Claire Shipman）在她們合著的《信心密碼》[1]一書中寫到的事。

但，自信心是天生的嗎？為什麼許多成功人士，尤其是女性，即使已經呼風喚雨，還是不斷地自我懷疑？到底，自信是怎麼來的？她們的結論是：「一切都是自己可以決定的。自信心不會從天上掉下來，你必須刻意去做：不要想取悅所有人，拋棄完美主義，專注在行動、承受風險和快速失敗上。」

問自己「在什麼狀況下，我會覺得有自信？」例如：別人來問自己知道的訊息、和熟悉的人在一起、對方看起來很友善、可以獨立掌握工作進度時等等。也可以問自己「在什麼狀況下，我會覺得沒有自信？」例如：被發現錯誤、因為錯誤而需要道歉、和不熟悉的人在一起、需要謹言慎行、沒有準備就要回答問題時等等。

找出兩者的答案，並分析背後原因。面對新環境時，就能先做戰略思考：「這個場合有很多陌生人，會讓我不舒服、不安全、沒自信，但接下來的討論是我的專長，我有自信掌握，而且同組的人看起來都很有耐心。」最後就可以在現有基礎上，漸漸擴大自信範圍，例如先在小組討論中建立信心，再到小組之外參與其他話題討論。

適度地放下完美主義

好萊塢導演大衛・芬奇（David Fincher）每個鏡頭平均拍五十次，才成就叫好又叫座的電影。完美主義有其優點，但某方面來說，過度追求完美也會阻礙自信的建立。《內向者的祕密世界》[2]作者珍・葛雷曼（Jenn Granneman）指出內向者普遍有些完美主義傾向，這與內向特質有關——喜歡深入思考分析（或過度思考）、喜歡獨立作業以獲得完全掌握、在意他人的看法。

前文中，會讓內向者感到沒有自信的狀況中，不喜歡「被發現錯誤」及「沒有準備就要回答問題」表面上看似因為擔心別人覺得自己不夠聰明或機靈，擔心自己的答案不夠好，更深層的原因就是希望自己完美。追求完美並不是內向者獨有的特質，也不是一件壞事，但在日常中，要適度地放下完美主義，在完美與自信、工作效率間取得平衡。之所以說「適度」，是因為完全放下並不容易，但有意識地檢視與調整，還是可以幫助內向者找到平衡。

跨出第一步

內向者往往已經做了萬全的準備，卻還是沒辦法像外向者那樣鬆寫意地說出：「先做再說啦！」即使讀過職場專家謝文憲的著作《人生準備40%就衝了》[3]好幾次，我還是暗暗覺得「百分之四十的把握太低啦，可不可以商量一下，百分之七十好不好？」

俄亥俄州立大學的心理系教授李察・派第（Richard Petty）認為自信心與行動高度相關。自信是相信自己會成功的信念，這種信念產生行動，行動又增進相信自己會成功的信念。透過準備、勤奮、成功經驗，甚至失敗經驗，都會增加信心。

自信心的開始，就是踏出第一步的勇氣。做沒有嘗試過的事情、不喜歡的事，恐懼都會存在，但要不要去面對是自己可以決定的，完成後就會帶來自信。過程中也可以採用一些降低風險的方式，例如被問到：「有沒有準備？」時，可以說：「我在這個領域還是新手，但我想……」現任網路設計工具Canva的首席品牌傳教士與賓士品牌大使的川崎蓋（Guy Kawasaki）有句名言：「很鳥也別擔心（Don't worry, be crappy），如果你的產品夠好了（但不是完美），就先出貨吧，看看會發生什麼事。」

建立自己的有求必應網和優先順序清單

出外靠朋友，在拓展人脈之際，不要忘了遇到問題或需要不同觀點時，朋友是可以幫忙的。事實上，當你向朋友請教或求助時，他們的自信程度也會提升。換句話說，也多讓自己成為被請教與求助的人吧！

另外，請認清事情永遠做不完的事實，但清楚完成的優先順序，可以讓你不會因為沒有把每件事情顧好而感到罪惡，甚至心灰意冷。

評估自己需要的是能力、練習，還是自信

運用內向者擅長分析的長處，檢視自己的情境。若在某種工作環境中感到不安全，檢視自己「是缺少了什麼？」若是欠缺相對的能力，可以透過進修或請教他人，建立工作需要的知識；若是知道怎麼做，但欠缺經驗，所以沒把握，就為自己創造練習的機

會，特別是風險低的練習機會。

科技業裡有個名詞是「最小可行性產品」（minimum viable product），就是使用最低的成本設計產品，並用最快的速度放到市場上測試。當然，這種產品不會是完美的，卻可以依據市場反應迅速調整。這個概念可以回應《信心密碼》中所提到的「承擔風險、快速失敗的行動」。即使失敗了，也是快速失敗，可以隨時調整，讓下一次更接近完美。差別只在要有健康的心態，而不是「果然失敗了」的消極心態。

自我監控只能達到短期效果

有些很會「演」的內向者可以做到雖然內心小劇場在狂風暴雨，但外表看起來還是很外向、充滿自信、精力充沛，在重要會議上，肢體語言豐富、聲如洪鐘、氣場強大、自信非凡，讓人覺得你就是這麼有自信的人，甚至連自己都相信。心理學上有個名詞叫做「自我監控」（self-monitoring）就在論述這類行為——這是根據外部情境調整自己行為的能力，越會演的人表示自我監控能力越高。

整合行銷公司Walk West職涯發展副總裁兼雪倫・麥克勞德（Sharon Delaney McCloud）認為這樣的自我監控短期有效，但長期來說，甚至會讓自己陷入「冒名頂替症候群」（Imposter Syndrome），認為自己的成功不是因為有能力或有才幹，而是因為運氣、時機、誤會或只是因為還沒有人發現自己是冒牌貨。

內向者的深度思考、敏銳常常讓我們說出以「可是」、「我擔心」、「會不會」開頭的句子，但這並不是缺乏自信。很多人會認為自信是什麼都知道、什麼都會做、覺得什麼都沒問題，但我喜歡美國企業顧問伊莉絲・布恩（Ilise Benun）的說法：「自信是相信自己即使不知道解決方法，仍然可以處理；是知道不管碰到什麼狀況，都有能力解決；自信是在不確定的狀況之下，仍然相信自己（即使需要多花一些時間）。」

---

1 —— 原書名為《*The Confidence Code*》，繁體中文版由先覺出版。
2 —— 原書名為《*The Secret Lives of Introverts: Inside Our Hidden World*》
3 —— 《人生準備40%就衝了！：超乎常人的目標執行力》謝文憲著，方舟文化出版。

後記

喬登．史皮斯（Jordan Spieth）是我很喜歡的高爾夫球員，當過世界排名第一的他，是僅次於老虎．伍茲、美國名人賽史上第二年輕的優勝者，也是近百年來最年輕的美國高爾夫公開賽冠軍。但其實，我最喜歡的是他的賽後發言。

二〇一七年英國公開賽，他在淒風苦雨的皇家伯克岱球場從極度劣勢一路殺到冠軍，手上舉著象徵離大滿貫只有一步之差的銀色獎盃時，他在鏡頭前轉頭對桿弟蓋勒（Michael Greller）說：「這次大賽能得冠軍，全都是你的功勞。」每次受訪時，若球打得好，他的主詞就是「我們」，如果被問打不好的原因，主詞就變成了「我」。

雖然不是什麼傲人的成就，但這本書的問世對我有特殊意義，如果幸運有人從書中得到任何助益，一切都歸功於方舟文化的潔欣和小米。

從一開始的邀書到首次見面，潔欣和我兩個內向者就聊了整整四個小時，編輯過程中，潔欣用心規劃每個章節，面對許多新挑戰，頂著龐大壓力，但仍用內向者的細心和堅毅一一解決困難，甚至提前完工。如果沒有她，就沒有這本書。小米則是給這本書現在的漂亮模樣。書籍製作的後期我經常性地出差，多虧小米明快且邏輯清楚的管理，讓我在飛機上、旅途中能完成進度，熱愛電影的小米也讓這本書有了精采的影片。一本書能有兩位出色的編輯一起投入，我覺得無比幸運。

謝謝許多專業好友們，「科技島讀」行銷負責人、當年退過我無數稿的郁青、「運動視界」站長楊東遠、「城牆裡的棒球事」粉專版主陳志強、「Hito大聯盟」主持人王啟恩，他們不僅幫我校閱、提供專業建議，甚至為了一個英文名詞的翻譯反覆斟酌。謝謝演豆仔桑陳繼遠導演，平常忙碌於各地授課的他，撥出許多時間討論影片劇本，連在口試前還特地撥出一整天拍攝。謝謝攝影師王愷云、造型團隊Sasha Liu、何屏和依岑，這種化腐朽為神奇的功力根本是魔法。謝謝Give2Asia的各國同事們，可以在這麼充滿支持的環境下工作，是所有職場工作者的夢想。感謝國內外偶像級大師們推薦，無論內向外向，他們每個都非常友善且毫無保留地支持後輩。內向者人脈沒辦法多廣，但每一份友誼與心意都彌足珍貴。另一個極為關鍵的角色，是我的先生。他展現超強大戰力與支持，給我整整兩個禮拜的內向時間，讓我完成這本書；沒有那兩個禮拜，這十萬字永遠都只是內向者腦中的小劇場。

蘇珊·坎恩形容內向者是蘭花——成長過程中或許需要多點呵護，但長大後一樣能夠綻放（而且還賣很貴，哈）。感謝所有在人生路途、職場中包容、鼓勵內向者的家人、朋友、同事；尤其是家人，謝謝你們給了內向者最舒服安全的地方。

謝謝耐心看到最後的你，或許書讀至此，你對自己又多了解了一些。最後，我想與你分享華頓商學院亞當·葛蘭特（Adam Grant）的提醒：「了解自己的個性，但不要被束縛。**越理解自己時，越要更有意識地去突破自己的極限，不要被外向或內向這種標籤限制自己的可能性。**」

如果你有興趣，歡迎加入臉書社團「內向者小聚場」，與我們一起分享職場、生活中的大小事，也希望看到未來職場變成更可以讓內向者自在綻放的美麗花園。

職場方舟 0008

安靜是種超能力

寫給內向者的職場進擊指南，話不多，但大家都會聽你說

作　　者　張瀞仁
書籍企劃　林潔欣
封面設計　D-3 Design
攝影協力　王愷云
造型協力　劉欣宜
妝髮協力　何　屏
內文設計　張庭婕
責任編輯　陳嬿守
行銷經理　王思婕
總 編 輯　林淑雯

特此感謝陳繼遠導演、謝依岑妝髮設計師
協助拍攝影片

出 版 者　方舟文化／遠足文化事業股份有限公司
發　　行　遠足文化事業股份有限公司
231 新北市新店區民權路108-2號9樓
電話：（02）2218-1417　傳真：（02）8667-1851
劃撥帳號：19504465　戶名：遠足文化事業股份有限公司
客服專線　0800-221-029
E-MAIL　service@bookrep.com.tw
網　　站　www.bookrep.com.tw
印　　製　通南彩印股份有限公司　電話：（02）2221-3532
法律顧問　華洋法律事務所　蘇文生律師
定　　價　380元
初版一刷　2018年8月
初版二十二刷　2024年5月

國家圖書館出版品預行編目（CIP）資料

安靜是種超能力：寫給內向者的職場進擊指南，
話不多，但大家都會聽你說
／張瀞仁著 -- 初版
--新北市：方舟文化出版：遠足文化發行，2018.08
288面；14.8×21公分. --（職場方舟：0ACA0008）
ISBN 978-986-95815-8-5（平裝）
1.職場成功法、2. 內向性格

494.35　107009835

方舟文化官方網站　方舟文化讀者回函